孩子一看就爱上的
科普小百科

有趣的植物

〔英〕斯图尔特·麦克弗森 / 著
邹强军　刘雅丹　代国庆 / 译

吉林科学技术出版社

Copyright Text ⓒ Stewart Mcpherson 2019
Copyright photographs and illustrations ⓒ ad credited on page 126
The simplified Chinese translation rights arranged through Rightol Media
（本书中文简体版权经由锐拓传媒旗下小锐取得Email:copyright@rightol.com）
吉林省版权局著作合同登记号：图字07-2022-0007

图书在版编目（CIP）数据

有趣的植物 ／（英）斯图尔特·麦克弗森著；邹强军，刘雅丹，代国庆译. -- 长春：吉林科学技术出版社，2023.10

（孩子一看就爱上的科普小百科 ／ 汪雪君主编）

书名原文：Amazing Pets & how to keep them

ISBN 978-7-5744-0506-6

Ⅰ. ①有… Ⅱ. ①斯… ②邹… ③刘… ④代… Ⅲ. ①植物—少儿读物 Ⅳ. ①Q94-49

中国版本图书馆CIP数据核字（2023）第105700号

孩子一看就爱上的科普小百科：有趣的植物

HAIZI YI KAN JIU AISHANG DE KEPU XIAO BAIKE: YOUQU DE ZHIWU

著　　者	[英] 斯图尔特·麦克弗森
译　　者	邹强军　刘雅丹　代国庆
审　　译	刘雅丹
出 版 人	宛　霞
责任编辑	汪雪君
封面设计	王　婧
制　　版	长春美印图文设计有限公司
幅面尺寸	285 mm×210 mm
开　　本	16
印　　张	10
字　　数	154千字
页　　数	160
印　　数	1-6 000册
版　　次	2023年10月第1版
印　　次	2023年10月第1次印刷

出　　版	吉林科学技术出版社
发　　行	吉林科学技术出版社
地　　址	长春市福祉大路5788号出版大厦A座
邮　　编	130118
发行部传真／电话	0431-81629529　81629530　81629231
	81629532　81629533　81629534
储运部电话	0431-86059116
编辑部电话	0431-81629520
印　　刷	吉林省吉广国际广告股份有限公司

书　　号	ISBN 978-7-5744-0506-6
定　　价	88.00元

如有印装质量问题　可寄出版社调换

版权所有　翻印必究　举报电话：0431-81629517

目 录

植物   6
什么是植物   7
光合作用   8
例外情形   8
植物的类型   9
有种子的植物是如何繁殖的   10
没有种子的植物是如何繁殖的   11
世界上最奇异的植物   12
最奇异的植物在哪里   13
世界上最常见的生境   14

黄金法则   16

食肉植物   18
什么是食肉植物   19
食肉植物为什么会存在   19
食肉植物的捕猎陷阱   20
最适合初学者养的食肉植物   39

令人难以置信的花   44
最大的单花   46
最大的分枝花葶   47
最大的不分枝花葶   48
安第斯皇后   50
"撞脸"的花   52
吓人的花   56
嘴唇花   58
四点钟的花   59
蝙蝠花   60
天堂鸟花   61
龙虾爪花   62
激情花   64
花的颜色   66

世界上最臭的花   68
为什么有些花会发臭   69
臭花们长什么样   69
最臭的花和水果来自哪里   70
寄生的花   71
致命的蒙骗植物   72
海星花   74
海芋属植物   80
龙形百合   81
魔芋属植物   84
伏都百合   90

不寻常的水果和蔬菜   92
彩虹胡萝卜   94

白草莓 96	荚果爆炸 120	壮观的多肉植物 138
黑番茄 98	敏感的含羞草 122	酷炫的仙人掌科植物 141
紫马铃薯 100	感应草 124	铠甲植物 144
宝石玉米 104	跳舞草 126	自建温室植物 145
拇指西瓜 108		植物之最 146
超有型的西瓜 110	## 不可思议的植物 130	穿越时空的植物 150
火龙果 114	彩虹叶植物 131	令人惊叹的盆栽 152
	黑武士秋海棠 133	
## 敏感植物 118	令人惊叹的气生植物 134	
敏感植物来自哪里 119	美丽的凤梨科植物 136	

码上探索
- 植物纪录片
- 繁花故事集
- 绿植资讯集
- 探索笔记

植物

植物在我们的生活中随处可见，无论你生活在农村还是城市，雨林还是沙漠，它们都为我们提供食物、药物、衣服、建筑材料和燃料，还调节着温度，并为世界上大多数的陆栖动物提供庇护。植物对我们的生存有着极其重要的作用。

目前，科学界已知的植物种类约有40万种，而且植物学家们每年还会发现约2000种新的植物种类。约有94%的植物属于开花植物，小到会开花的雏菊，大到巨大的会开花的热带树木；其余6%的植物是不开花的植物，包括结球果的松树等。

在已知的植物种类中，约有21%正面临灭绝的危险，主要原因是人类活动造成的生态环境破坏，比如，二氧化碳排放量增加所导致的全球气候变暖。不过，世界各地的许多人正在为之努力，确保这些处于危险中的物种不会灭绝。

什么是植物

我们都见过植物，但是想要描述清楚什么是植物却很难。因为，不是所有的植物都有叶子，也不是所有的植物都有花，所以我们必须真实地、具体地描述出植物的特性才行。所有植物都被归属为"植物界"，尽管它们是地球上所有生物中最具多样性的一类，但大多数的植物都有以下特点：

· 它们都是由多细胞构成的，这些细胞集聚在一起构成植物的不同部分。

· 大多数植物的叶片能利用阳光进行光合作用，获取自身生长所需的营养物质。

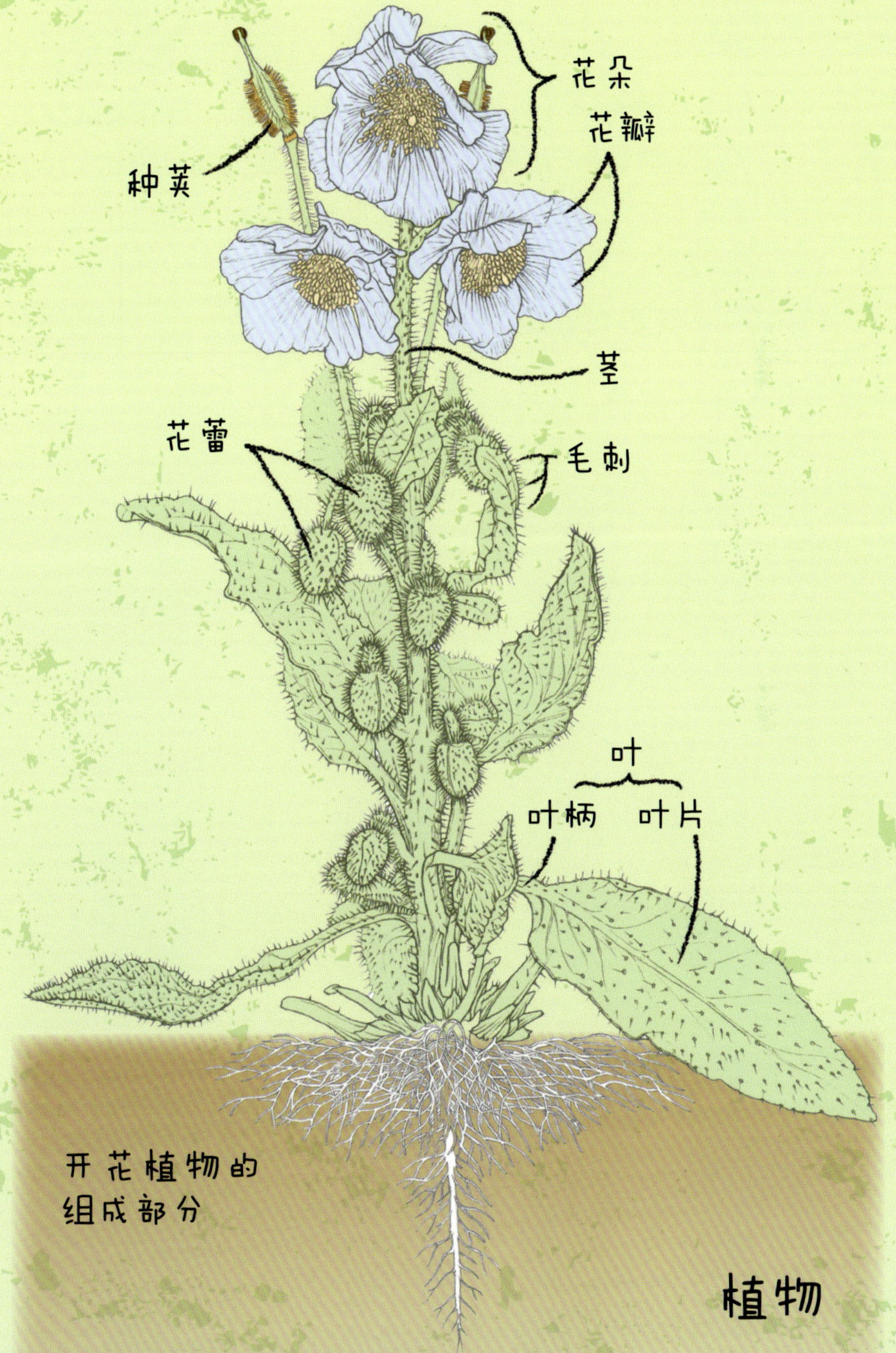

开花植物的组成部分

光合作用

光合作用是植物用来为自己制造养料的过程，氧气其实是植物在光合作用过程中所产生的"废气"。在陆地上的植物和海洋中的绿藻排放氧气之前，大气中是没有足够的氧气供动物生存的。所以，植物对我们非常重要。它们不仅为人类提供大部分的食物，还为人类提供生存所必需的氧气，并且吸收二氧化碳，维持生物圈的碳氧平衡。

光合作用是在植物细胞内的叶绿体中进行的，叶绿体可以将光能转化为化学能，因为叶绿体中含有叶绿素，所以叶片呈绿色。

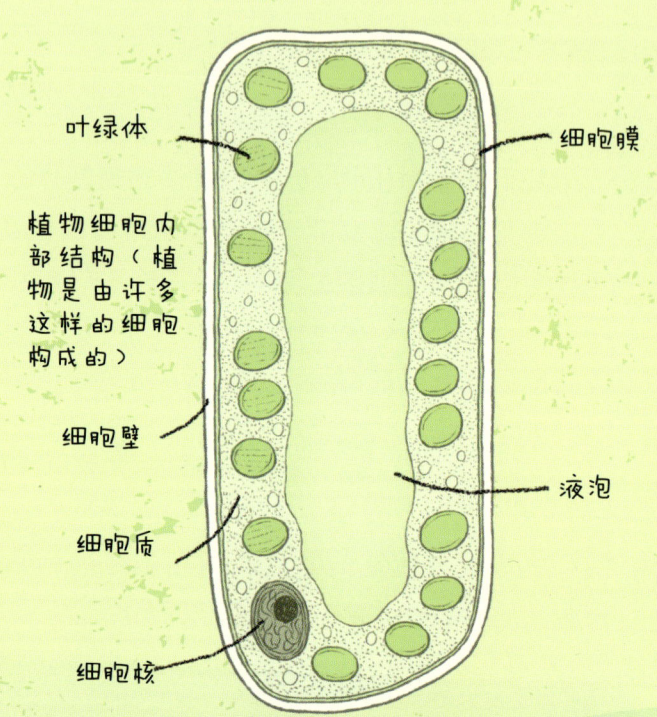

叶绿体　细胞膜　植物细胞内部结构（植物是由许多这样的细胞构成的）　细胞壁　液泡　细胞质　细胞核

例外情形

事实上，有成百上千的植物不进行光合作用。这些植物中，有的悄悄生活在地下，靠腐烂物质为生；有的寄生在其他植物的枝条上（如右图中的槲寄生），靠"窃取"宿主的糖分和矿物质为生；还有些植物，如大王花，平时寄生在其他植物体内，只有在繁殖期才会被人发现。但所有这些植物的祖先，都曾进行过光合作用，随着不断的进化，它们才逐渐演变出各种奇妙的生存方式。

植物的类型

植物界可以被分为众多的门类。

苔藓植物

这些植物的茎里面没有输送水和养料的管道，所以它们的体形较小，而且匍匐在地面上生长。它们主要生长在长期潮湿的环境中。它们不产生种子，而是通过孢子来繁殖后代。全世界大约有23000种苔藓植物。

种子植物

这些植物的茎里面有输送水和养料的管道，所以能长得又高又大。它们可以产生种子，通过种子来繁殖后代。种子植物可以被进一步划分为不同的类群，这其中就包括许多我们日常生活中可能认识的植物。

蕨类植物

这些植物长着比较高大的茎，茎里面有管道用来输送水和养料。它们与苔藓植物相似，也是通过孢子来繁殖后代。全世界大约有11800种蕨类植物。

裸子植物

包括松树、雪松、柏树、冷杉和苏铁等。

被子植物

被子植物又名开花植物，全世界至少有370000种开花植物，它们是地球上最大的植物类群。

有种子的植物是如何繁殖的

地球上大多数植物都是开花植物（也称被子植物），所以植物的繁殖通常都和花有着密不可分的关系。

花是植物的繁殖器官，通常含有雌、雄两种花蕊。

雄蕊产生的花粉必须传播到雌蕊上，花粉的这个传播过程被称为授粉。授粉可以由蜜蜂、马蜂、甲虫和蝴蝶等昆虫帮助进行，也可以由风甚至雨滴帮助进行。更令人惊奇的是，有些植物竟然可以在未开放的花苞中自动完成授粉。开花植物授粉之后，种子将在子房内逐渐形成，并且每颗种子都可以长成一株全新的植物。

自然界中的花朵色彩缤纷、形态各异，令人眼花缭乱，它们竞相开放，努力吸引授粉者。有些植物，如蜂兰，就把这一点做到了极致。蜂兰花的颜色、外形甚至气味都可以惟妙惟肖地模拟雌蜂，以吸引雄蜂，加快其授粉过程。

然而，少数种子植物既不开花也不结果，例如针叶树，这些植物被称为裸子植物（意思是种子裸露着的植物）。它们能够产生数以百万的花粉粒，这些花粉粒只有在风的作用下才会散开，从而实现授粉。裸子植物的起源可追溯到3.5亿年之前，目前大约有800种裸子植物存活在地球上。

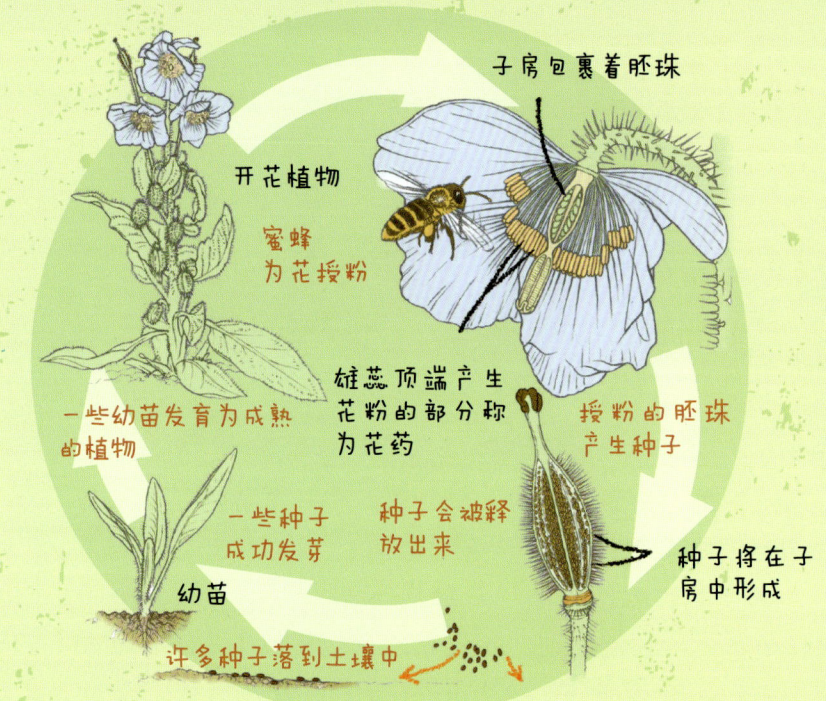

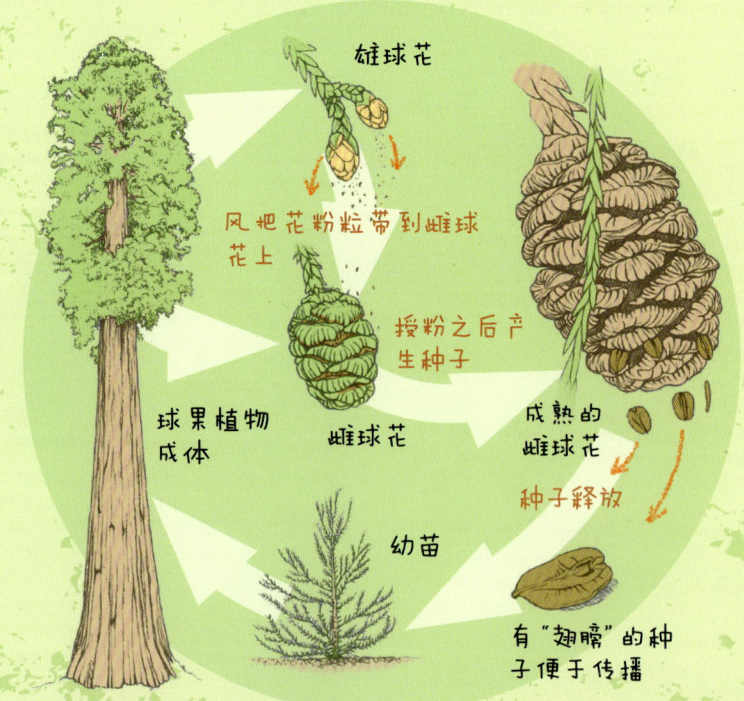

有趣的植物

没有种子的植物是如何繁殖的

蕨类是利用单细胞结构的孢子来繁殖的。在蕨类植物中,孢子是由生长在叶子背面的孢子囊产生的,孢子囊看起来像毛茸茸的橙色小珠子。当孢子完全成熟时,它们会从孢子囊释放到环境中。一旦它们落在适宜的潮湿环境中,就开始生长,并发育成小植物。这些扁平的、看起来像苔藓的小植物,随着时间的推移,会慢慢变大,最终长成蕨类植物。

许多植物能够进行无性繁殖,园艺师通过扦插叶子或茎来培育新的植株就是一个很好的例证,这其实是繁殖母体植株的一种克隆过程。人们从母体植株上剪下一些叶子或茎种在土壤或水中,最终它会成长为和母体植株一样的植物。

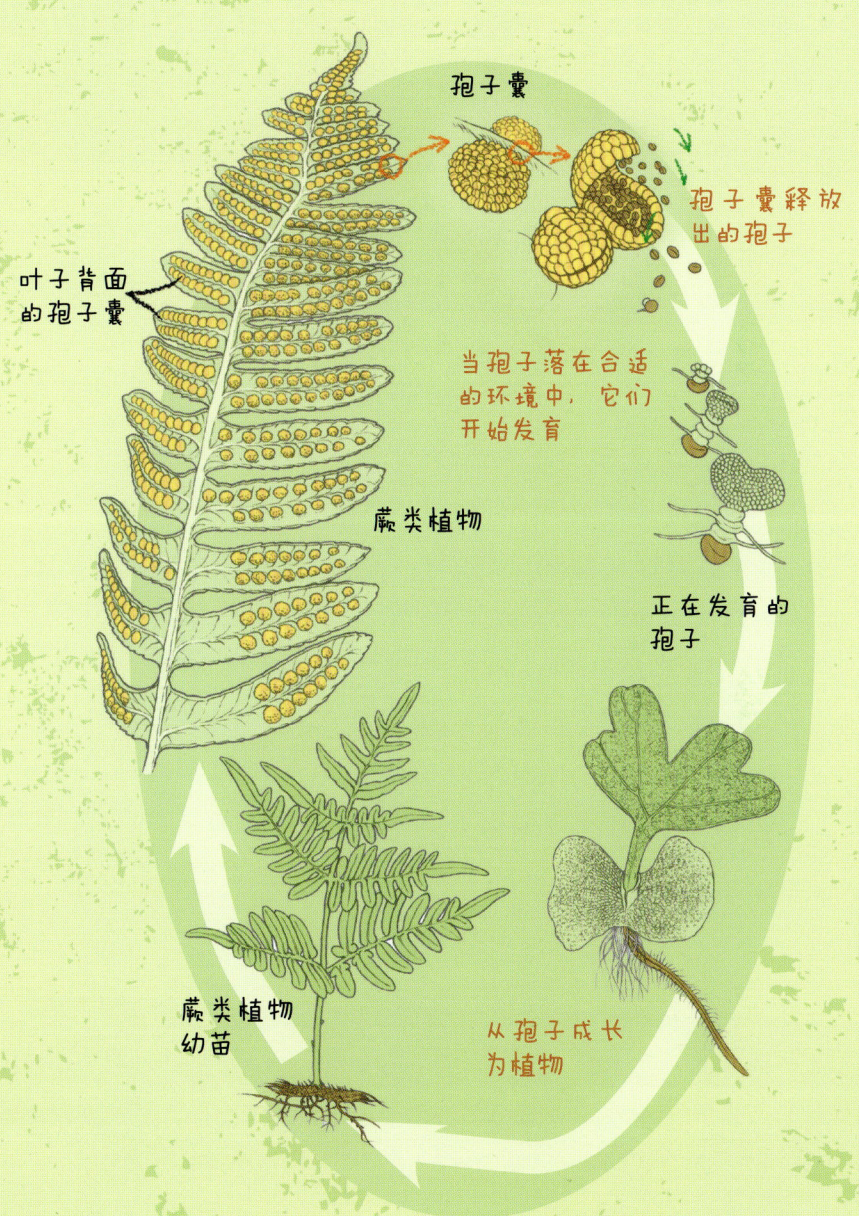

植物 11

世界上最奇异的植物

地球上几乎每个角落都分布着许许多多不同的物种，所以植物具有多样性也就不足为奇了，在这些植物中有吃昆虫的植物，叶子像蓝色金属一样闪闪发光的植物，单花直径达1米的植物，比腐烂的垃圾还难闻的植物，颜色和形状奇异的可食用植物，花像动物或动物某个身体部位的植物，以及会移动甚至会缓慢地跳舞的植物。

本书将向你介绍部分我们已知的奇异的植物，当你对自己喜欢的植物类群产生兴趣时，你可能会寻找到更多有趣的植物知识。这些植物中，有一些过于特殊、不适合人工培育，但是也许有一天你会幸运地在野外发现它们；还有几十种你可以培植的植物，它们可以为你的家或者花园增添色彩，甚至可以成为餐桌上的美味佳肴。本书介绍的这些植物将为你打开一扇通往无限可能的大门，让你的生活充满新的发现。

最奇异的植物在哪里

　　许多植物只会在某种特定类型的栖息地生长，而那里可能不是你生活的地方。然而，只要你稍加研究，就能成功地找到并拍摄本地物种，就像在大自然中寻宝一样，很有意思。对于那些在你的居住地找不到的物种，植物园和专业苗圃是尝试找到它们的最佳地方。

　　奇异的植物来自世界各地不同的生境，即使在最干旱的沙漠，也有耐旱的多肉植物丛生；在炎热潮湿的雨林，处处繁花似锦。

世界上最常见的生境

热带季风气候

热带生境位于赤道附近，全年气温较高（温度超过18℃），热带季风气候可分为旱季和雨季，尽管在某些地方有旱季，但是并不那么干燥，只是不那么湿润而已。生物具有多样性，有着丰富的植物和动物资源，这些生物一年四季在温暖和湿润的环境中繁衍生息。

地中海气候

地中海生境虽然是以地中海气候来命名的，但这种生境在世界其他地方也有。它们通常有多雨的冬天和干燥的夏天，夏天可能是温暖或者炎热的，冬天则是凉爽或者寒冷的，但是出现长期霜冻天气的可能性很小。由于很少有极端天气出现，所以生物种类也具有多样性。

亚热带气候

亚热带地区位于赤道两侧，即热带地区的北部和南部。它们通常有温暖或炎热的夏季、温和的冬季。降雨往往集中在夏季，冬季凉爽而干燥。亚热带生境的物种也颇具多样性。

温带海洋性气候

海洋生境的夏季和冬季通常都很凉爽，夏季和冬季之间的温度波动不大。夏季在20℃左右，冬季则接近0℃。因为它们靠近温暖的海洋，能防止温度发生巨大变化，所以被称为海洋生境。

大陆

高山

大陆生境受海洋的影响较小,温度波动较大。夏季既温暖又炎热,而且经常潮湿;而冬季可能有几个月的时间在0℃以下。物种的数量较少,但它们中的一些物种具有特殊的适应能力,可以在强烈的季节性变化中生存。

高山和高原是典型的高山生境,世界上最显著的高山生境是雄伟的喜马拉雅山。在这一生境中,全年的平均气温低于10℃,冬季则更为寒冷。由于生长季节有限和条件恶劣,植物种类很少,但它们可以适应寒冷和干旱。

沙漠

极地

沙漠生境的年降雨量少,植物在没有雨水的情况下可以存活数月,或者在季节性降雨时从雾气中吸收水分。通常最接近亚热带地区的沙漠生境最具植物多样性,因为那里的季节性降雨量略高。

在亚洲和北美洲的最北部,夏季非常短暂且寒冷,只有低矮、坚韧的植物才能生存。这片大部分没有高大树木的土地被称为苔原,灌木、草和苔藓是最常见的植物,而出现的少量树木矮小且生长缓慢。在非常极端的地方,如格陵兰岛和南极洲,冰雪覆盖着大地,大多数植物不易生长。

黄金法则

谈到收集和种植植物时，有一些黄金法则你应该铭记在心。它们不仅涉及你如何选择植物，还涉及你如何种植它们。遵守这些法则有助于你成功地种植不同种类的植物。

位置、位置、位置
重要的事情说三遍

在你的家中或花园中找到最适合种植植物的地方。不同的位置，光照、湿度和温度等条件都会有所不同。明白这一点，将有助于你选择最适合你种植的植物。

因地制宜

在合适的地方选择种植适合的植物。将室外植物放在温暖的室内过冬，或将热带植物放在寒冷、黑暗的环境中，结果通常会失败。有时我们会遇到一些我们非常想种植的植物，如果你不能提供合适的条件，你也许可以创造一个合适的空间。温室、暖棚和装有灯光的水族箱就是例子，但建立这些设施需要时间和资金。

养成良好的种植习惯

提供合适的条件，特别是提供适当的水，尤其重要。虽然大部分植物喜欢一直保持轻微的湿润，但也有一些植物喜欢土壤干燥一段时间后再浇水。有时候浇水过多对植物来说也是一大危害，而优质、排水良好的土壤将帮你避免这种失误。中央供暖系统造成的干燥空气也会给植物带来压力，导致叶片变色。分组种植，或偶尔给它们喷洒适当的水以增加湿度，这会让植物的状态更好。

良好的休眠

许多植物在冬季会放慢生长的速度。当发生这种情况时，应该减少浇水和施肥的次数，并将其置于略微凉爽的条件下。当春天到来的时候，经过良好的冬季休眠，植物将再次生长。

注意害虫

你的植物上偶尔可能出现害虫。这些虫子也许只有几只，在这种情况下，可以用蘸有肥皂水的软纸巾将其清除。但是，如果放任不管，这个虫害的小问题可能演变成虫灾。害虫通常附着在新的植物上，因此新买来的植物最好隔离几天，把它们单独放在一个地方，直到你确定它们没有携带任何害虫。

小心食用

一般来说，不要吃你种的植物，除非你知道它们是安全的水果或蔬菜。许多看起来无害的家庭植物，如果吃了可能会使你生病。

要有耐心

若想种植植物，可以购买种子、幼苗或者成体植物，因人而异进行选择。成体植物一般价格较高，但它们已经完全发育，你可以准确地看出它们的样子。种子和幼苗要便宜得多，但你要在它们开花前把它们养大，这可能需要几个月；播种可以让你看到它们从种子到开花的整个过程，这将给你带来很大的成就感。

负责任地购买

通过可靠的购买渠道获取你的植物和种子很重要，原因有二：一是你可以确信，由良好信誉的苗圃和专业人员出售的植物是健康的，他们的植物和种子也不太可能是从野外非法采集的；二是在网上购买时，你必须小心卖家提供的看起来不可思议的植物种子，如彩虹玫瑰或蓝色捕蝇草，因为这些植物根本不存在，它们通常是用廉价的园艺草本植物的种子进行重新包装的。如果出售的植物看起来好到不像真的、令人难以置信，那它通常就是假的。虽然可以通过翻看这些卖家的评论里是否存在差评来判断植物和种子的好坏，但请记住，买家对购买的商品进行评论的时间是有限制的，当种子长到足够大、意识到有问题的时候，买家已经不能更改他们的评论了。

码上探索
- 植物纪录片
- 繁花故事集
- 绿植资讯集
- 探索笔记

黄金法则

食肉植物

你知道有些植物可以捕捉、消化和杀死动物吗？捕蝇草就是其中的一种。不仅如此，它们中最大的大到足以困住像老鼠和鼩鼱这样的小型哺乳动物，更不用说小鸟了。这些植物"杀手"成功地改变了植物被动物食用的处境，使植物成为捕食者而不是食物。因此，它们是世界上所有植物中最不寻常和最特殊的植物。

什么是食肉植物

要成为食肉植物，植物必须具备以下能力：

1. 吸引猎物；
2. 捕获猎物；
3. 消化猎物（有些物种依靠细菌和真菌来实现）；
4. 吸收猎物的营养。

通过这些，食肉植物可以获得它们生长所需的一切。除此之外，它们也像其他植物一样进行光合作用。

黏稠的茅膏菜花蜜可以吸引像苍蝇这样的昆虫。

食肉植物为什么会存在

动物通过吃其他动物或植物来获得养分，而植物通常从土壤中吸收养分。而有些土壤，如沼泽地中的土壤，养分非常贫乏，因此生活在这里的植物为了获取帮助它们生长的营养物质，不得不进化出其他的生存方式。其中一种方式是食肉，即靠"吃"动物组织来获取养分。

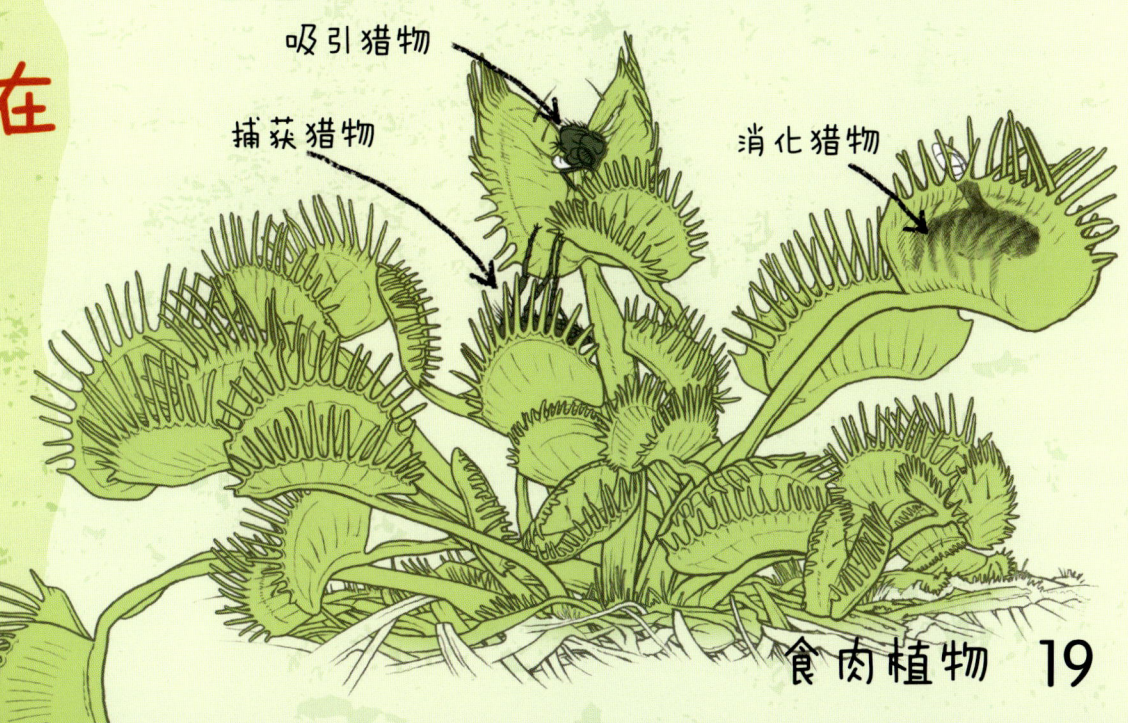

吸引猎物
捕获猎物
消化猎物

食肉植物

食肉植物的捕猎陷阱

世界上有近700种食肉植物，根据它们捕获猎物的方式，可将其分为五大类。捕蝇纸陷阱是迄今为止所有食肉植物中最常见的，已知有300多种食肉植物采用这种陷阱方式。其中，茅膏菜属是最多的一类食肉植物。

食肉植物的陷阱从最常见到最不常见的排序和简介如下。

捕蝇纸陷阱

这种陷阱的主要特点是具有黏性的叶子，它们通过黏液抓住昆虫。被困住的昆虫在植物的叶子上慢慢被酶消化掉。

囊形陷阱

这种水下陷阱的形状像小袋子。当猎物游过时，它们会把猎物装进袋子里，然后像动物的胃一样，把猎物消化掉。

筒形陷阱

这种陷阱的外形呈圆筒状，里面含有消化酶。光滑的内壁上附有蜡质，任何掉入其中的昆虫都无法逃脱。

虾篓陷阱

这种陷阱类似于渔民捕捞龙虾和螃蟹的陷阱。一旦有猎物进入，就很少能找到出路。

夹子陷阱

捕蝇草是最著名的食肉植物，它利用夹子陷阱捕捉猎物。当猎物徘徊的时候，捕蝇草的叶子就会立刻关闭，把猎物紧紧地夹在里面并慢慢地消化掉。

最大的食肉植物

最大的食肉植物是热带猪笼草，其中最大的是马来王猪笼草，它的陷阱长达40厘米，能够容纳3.5升的水，它以捕获啮齿动物而闻名于世。

马来王猪笼草

茅膏菜

茅膏菜是一种神奇的食肉植物，叶子上覆盖着闪闪发光的黏液，看起来就像无害的露珠。不幸落在茅膏菜叶子上的昆虫会立即被这种黏液牢牢粘住。当猎物挣扎的时候，其身上粘的黏液会越来越多，它们最终因疲劳或窒息而死。

茅膏菜可以移动

虽然没有捕蝇草那样快速，但大多数茅膏菜的叶子和触须都能移动。茅膏菜属中的某些种类，其叶子会在几分钟内卷住挣扎的猎物。

原产地

在欧洲和北美洲，茅膏菜主要分布在泥炭沼泽中。泥炭沼泽是酸性湿地，由腐烂的泥炭藓堆积形成。在澳大利亚、非洲部分地区和南美洲等地，茅膏菜通常生长在沙土或岩土中，这里每年至少有一段时间雨水充足。它们的共同点是：它们生长的土壤非常贫瘠，而大多数植物在这样的生境中是无法生存的。

有趣的植物

吸引猎物

茅膏菜是捕捉小型猎物的专家。昆虫会被叶子上闪闪发光的黏液和鲜艳的色彩所吸引。而且，一些茅膏菜有甜味，会用花蜜来引诱猎物。

捕获猎物

茅膏菜不会将猎物隐藏起来，它们捕获的昆虫就在叶子表面被产生的消化液消化掉，释放的营养物质被植物慢慢吸收。

茅膏菜的触须非常特殊，除了能产生用来捕捉昆虫的黏液外，一些茅膏菜的触须还能够调整猎物的位置，以便更有效地消化它们。在非常小的茅膏菜中，一些触须能够将猎物弹到叶子中间，对猎物来说，这真是致命一击。

食肉植物 23

捕虫堇

和茅膏菜一样，捕虫堇的叶子上也覆盖着触须，但捕虫堇的触须要小得多，数量也更多。它们通常捕捉稍微小一点的猎物，但像蚊子这样的猎物有时也会被黏液粘住，并且很快就死在叶子的表面。

原产地

在食肉植物中，捕虫堇是不同寻常的，因为许多物种，特别是来自中美洲的物种，都生长在看起来相对干燥的生境中。这些物种实际上适应了干湿季节，而它们之中来自美国、加拿大和欧洲等地更北部地区的近缘物种则更为典型：像大多数食肉植物一样，捕虫堇喜欢潮湿的环境，经常出现在沼泽地、溪流和湖泊附近。

吸引猎物

捕虫堇依靠类似于茅膏菜的陷阱方式来吸引猎物。它们的叶子在阳光下闪闪发光,甚至在阴雨天也会闪闪发光。而且,叶子看上去光滑、平坦,可能在昆虫看来是个休息的好地方,从而吸引它们前来。

捕获猎物

虽然捕虫堇的叶子不会大幅移动,但当猎物被困住时,叶子可以卷曲起来,形成一个酸性的消化池,在露天环境下消化昆虫。

捕虫堇有美丽的花朵

许多人喜欢种植食肉植物,因为它们看起来很有趣,捕虫堇也因其花朵的美丽而被人们更加喜爱,特别是兰花爱好者,他们通过种植捕虫堇来捕获害虫。

捕虫堇是可以在阳台上种植的食肉植物,对于第一次种植食肉植物的人来说,捕虫堇是一个不错的选择。它们可以经受种植者偶尔忘了浇水,当然,捕虫堇不可长时间缺水。

狸藻类植物

很多人都没有意识到，狸藻其实是吃肉的。它们中大多数种类长有像草一样的小叶子，小到即使放在小苔藓中间也很难发现它们。这类植物只有在开花时才会变得明显。它们的食肉陷阱大多在地面或水里，但很容易被发现。

原产地

狸藻生长在潮湿或季节性潮湿的生境中。它们能在水中自由漂浮，有时在芦苇丛中。从冬季寒冷的地区一直到赤道地区都可以发现它们。有些狸藻是陆生的，它们生长在潮湿的土壤中、苔藓中甚至岩石上。它们中的大多数都生活在热带和亚热带地区的大草原和沼泽地里，但是也有一些种类可以通过冬季休眠从而在寒冷的生境中生存，跟许多树木冬季休眠是一个道理。

捕获猎物

当猎物游过时，狸藻类植物的囊形陷阱会主动捕获猎物，将猎物收入囊中。当猎物触及囊形陷阱封闭着的"门"周围的茸毛时，"门"就会打开，囊会迅速膨胀，吸入附近的水和游动的猎物，然后把"门"关闭。被困在里面的猎物会被消化液所消化。

"食肉植物中的兰花"

与捕虫堇一样，狸藻类植物也有美丽的花朵。这些花实在是太美了，如同兰花一般艳丽多姿，因此它们经常被称为"食肉植物中的兰花"。大多数狸藻类植物实际上只会开出相当小的花，这些花精致得如同珠宝一般。

吸引猎物

据推测，猎物可能是误入陷阱周围，而不是被引诱到陷阱里。数以百计的陷阱使它们通过守株待兔的方式就可以逮到误入的猎物。

热带猪笼草

热带猪笼草是所有食肉植物中陷阱最大的，陷阱是由拉长的叶尖形成的，它们生长的藤蔓可以爬到几米高的树冠上。每个陷阱都有一个盖子，通常有一个笼口，笼口的周围有一个脊状结构，上面分布有大小不一的齿。

原产地

超过130种来自东南亚的热带猪笼草已经被命名，此外还有少数种类分布在马达加斯加和印度。所有这类植物都生长在长期潮湿的生境中，有些种类只适合在炎热的低地生长，而另一些种类则在寒冷的、长满苔藓的森林中生长。

吸引猎物

猪笼草通过分泌花蜜来吸引猎物，在猪笼草盖下或脊状笼口边缘徘徊的昆虫通常很危险。只要一不小心，它们就会被捕获。笼口的表面非常光滑，陷阱内部也有一层蜡质，可以粘在猎物的脚上，阻止它们爬出来。

码上探索
- 植物纪录片
- 繁花故事集
- 绿植资讯集
- 探索笔记

形状各异的猪笼草

热带猪笼草的陷阱有各种形状和大小。但有些猪笼草根本不是食肉的，而是吃动物的粪便。

捕获猎物

热带猪笼草会分泌一种富含消化酸和酶（酶是由多种可加速消化的蛋白质构成的）的液体，任何落入其中的猎物都会在几周内被完全消化掉，有时甚至在几天之内就被消化掉。

巨大的马来王猪笼草（第21页）和马桶状的劳氏猪笼草（左图）都有直立的盖子，像树鼩这样的小型哺乳动物可以从中取食。这类小型哺乳动物很少被猪笼草当作食物，但这些动物经常在里面排便，为植物提供营养。

食肉植物

北美猪笼草

这些猪笼草只生长在北美洲。与热带猪笼草不同,它的每片叶子都是从沿着地面生长的茎上长出来的。笼身直接从茎上冒出来,并因不同种类而向上或向外生长。

原产地

北美猪笼草是沼泽植物。几乎所有这类植物都分布在美国东南部,它们的分布区域呈弧形,从得克萨斯州东部到密西西比州南部再到佛罗里达州,再向北穿过佐治亚州到弗吉尼亚州。还有一种北美猪笼草生长在更远的内陆和更北的地方,分布在加拿大南部的五大湖区。

吸引猎物

北美猪笼草的盖子和笼口周围会产生大量甜美的花蜜。它们明亮的颜色也被认为可以吸引各种"来访者"。

注入麻醉药

北美猪笼草产生的花蜜中含有一种麻醉剂。这种物质会促使昆虫干渴、想饮水，昆虫吃了这种含有麻醉剂的花蜜后变得有些"笨手笨脚"，加大了掉入水罐的可能。

捕获猎物

与热带猪笼草一样，北美猪笼草会产生一种含有消化酸和酶的液体。罐壁上还不同程度地覆盖着一排排向下的茸毛。除了光滑的蜡质罐壁外，这些茸毛使昆虫爬出来变得非常困难，尤其对有翅膀的昆虫而言。

北美猪笼草是所有食肉植物中捕食效率最高的一个类群。在一个生长季里，整个猪笼草罐中填满昆虫是很平常的事，以至于包括蜘蛛和树蛙等很多动物，都可能生活在猪笼草的水罐上或水罐里，这样当它们饿了的时候，就可以从水罐里获得免费的食物。

食肉植物 31

沼泽猪笼草

沼泽猪笼草只存在于南美洲，与北美猪笼草的关系非常密切。这些猪笼草看起来比它们的北方近亲更简单，它们的罐子是由卷曲的叶子形成的，罐子上的小盖子挡不住笼口，在雨中也敞开着无法闭合。

茸毛有奇效

与北美猪笼草一样，沼泽猪笼草罐子的内壁上长有一排排向下的茸毛。这对于阻止被困的猎物逃跑非常有效。

吸引猎物

沼泽猪笼草罐子的小盖子下面会分泌甜美的花蜜，昆虫只能到盖子下方滑溜溜的、垂直的罐壁上取食。

在食肉植物中，沼泽猪笼草拥有最美丽的陷阱。它们腰身优雅，还能开出非常漂亮的花，红色花茎高耸在陷阱之上。这类植物减少了捕获前来授粉的昆虫的次数，因为它们依赖这些昆虫来帮助它们授粉产生种子。因此，吃掉帮其授粉的昆虫对它们来说弊大于利。

原产地

沼泽猪笼草是最难找的一类食肉植物。它们大多数分布在南美洲最北部的台地，特别是委内瑞拉和巴西。这些台地有1000米高的垂直山壁，其寒冷、平坦的山顶被称为雨漠。这是因为这些台地的雨水太多，以至于大部分土壤的营养物质都被冲走了。这种环境中存活下来的植物，在地球上其他地方几乎都找不到。

捕获猎物

有些种类的沼泽猪笼草甚至不产生消化液。相反，它们依靠细菌来分解它们的猎物，并吸收罐子液中的任何可利用的物质。

奥尔巴尼猪笼草

澳大利亚的奥尔巴尼猪笼草是所有猪笼草物种中最可爱的一种。它有两种类型的叶子：一种是小而平的、椭圆形的，就像许多其他植物的叶子一样；另二种是食肉植物那种叶子。这两种类型的叶子都是从一个短的、紧贴地面的茎上长出来的，呈现出紧凑的莲座状。

原产地

奥尔巴尼猪笼草是世界上濒危的猪笼草之一，分布在澳大利亚西南部以奥尔巴尼镇为中心的很小范围内。它生长在长期潮湿的混有沙子的酸性土壤中。这种植物通常生长在较大的灌木或沼泽草下面。

吸引猎物

奥尔巴尼猪笼草通过齿状罐边缘的小蜜腺分泌花蜜，再加上细条状的褶皱将昆虫引向水罐的笼口，这种策略对捕获爬行昆虫相当有效。

如何进食

这种小小的猪笼草能产生大量的酸和酶，可以迅速分解猎物。

奥尔巴尼猪笼草的盖子上有白斑，可以使光线通过。据分析，爬上水罐的昆虫会被盖子上的亮斑吸引，这样就稍微增加了捕获猎物的机会。猎物一旦到了那里，笼口周围的齿圈以及罐内向下密布的茸毛就会阻止猎物逃跑。

盖子不会动

许多人认为，猪笼草的盖子会闭合。实际上，猪笼草的盖子都不会移动。它们通常是用来挡雨的。

捕蝇草

捕蝇草可以说是世界上最著名的食肉植物。凭借其引人注目的齿状叶片和高速的捕捉动作,使它成为植物爱好者非常喜爱的植物之一。遗憾的是,许多人最终都把它养死了,但是一旦知道如何种植,那么它们就很容易被养活。

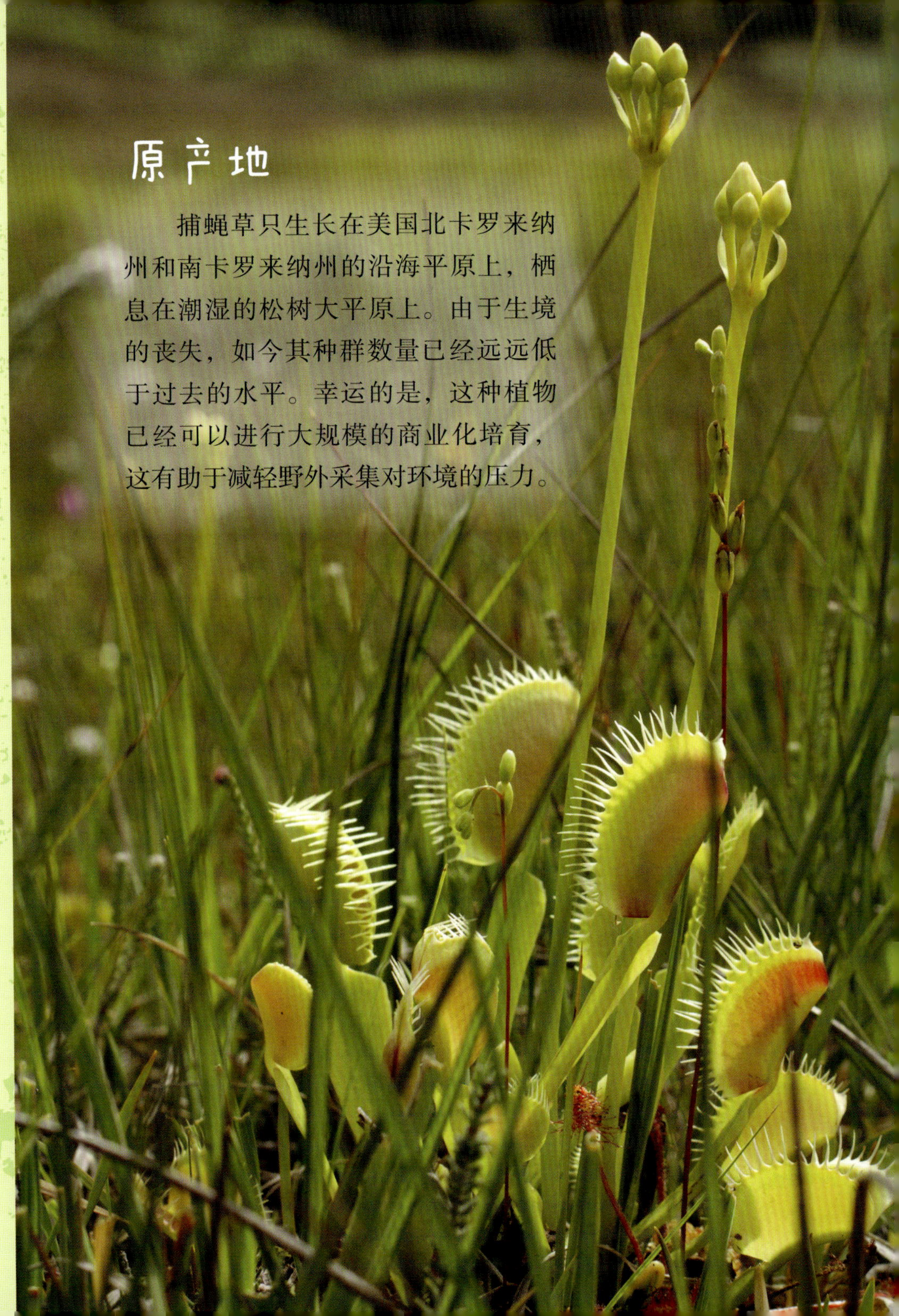

原产地

捕蝇草只生长在美国北卡罗来纳州和南卡罗来纳州的沿海平原上,栖息在潮湿的松树大平原上。由于生境的丧失,如今其种群数量已经远远低于过去的水平。幸运的是,这种植物已经可以进行大规模的商业化培育,这有助于减轻野外采集对环境的压力。

吸引猎物

捕蝇草主要捕捉爬行的昆虫，如甲虫和蚂蚁。这些猎物被叶子边缘上分泌花蜜的小腺体所吸引。因此，它也被称为捕虫草。

捕获猎物

一旦有猎物靠近陷阱，叶子的齿状边缘就会紧紧闭合在一起，形成一个密封的空间。然后里面充满了消化液，迅速分解掉猎物。

捕蝇草会"计数"

如果想让陷阱闭合，捕蝇草陷阱中的6根触须（每边3根）中的任何一根都必须在大约10～20秒内被触动2次。如果只触动1次，陷阱将不会关闭，这样可以节省能量。如此一来，像落叶这样的"假警报"，就不可能像动物那样2次触碰触须。看来捕蝇草真的会"计数"。

食肉植物 37

如何种植

许多种类的食肉植物都很容易种植。关键是要选择在你所能提供的条件下生长良好的物种。在野外，食肉植物在酸性泥炭和其他贫瘠的土壤中生长。在栽培中，通常建议使用园艺用泥炭，但这将破坏稀有的泥炭沼泽，应该加以避免。环保型泥炭产品，不会对泥炭沼泽造成损害，作为园艺用泥炭的替代品效果非常好，被推荐用于种植许多食肉植物。

你通常需要做到以下几点：

1. 土壤——最好的土壤是泥炭、珍珠岩和沙子的等份混合土，不含任何肥料。
2. 直径8~10厘米、高10厘米的花盆，适合中小型植物。
3. 一个用于放置花盆的无孔塑料托盘，这样可以保持土壤的水分。
4. 在你能提供的条件下可以生长良好的植物。

土壤

许多人失去第一盆捕蝇草的原因之一，就是这些植物通常带着贫瘠的土壤一起出售。食肉植物喜欢潮湿的土壤，如果土壤质量不好，会导致植物快速腐烂和死亡。推荐使用泥炭、珍珠岩和沙子混合土来栽种。

水

食肉植物需要非常干净的水。有些自来水中含有太多的有害化学物质，而且往往酸性不够。雨水是最适宜的用水，而且很容易收集。如果做不到这一点，那就寻找蒸馏水或"反渗透"水，但是过滤水是不合适的。在温暖的天气条件下（如春季和夏季），食肉植物应一直处于2~3厘米的水中。在冬季，潮湿的环境会导致植物腐烂，应降低水位，使土壤保持湿润，并尽可能地多通风。

温度

大多数食肉植物在夏季22~28℃的温度范围内生长良好。热带物种（如热带猪笼草）在整个冬季都需要类似的温度，而来自冬季寒冷地区的物种在冬季可能会休眠或减缓生长。对于这类物种，冬季适宜的温度为4~8℃。北美的猪笼草和捕蝇草都是如此。许多茅膏菜和捕虫堇则喜欢凉爽的气温（15~18℃）。务必向你的供应商求证或在网上查询所养植物的特性。

最适合初学者养的食肉植物

对于那些刚开始种植食肉植物的人，我们推荐以下几种，如果你有养食肉植物的天赋，你就会很快学会这些。大多数推荐的植物适宜凉爽或寒冷的冬季，但也介绍了一些可以忍受温暖气候的植物。

茅膏菜

以下种类的茅膏菜在泥炭、珍珠岩、沙子等份的土壤中生长良好。

南非茅膏菜

这是一种生命力强且容易生长的直立品种，叶片长呈拱形。此品种很容易通过种子或根部扦插进行繁殖。原产地在南非开普地区。

爱丽丝茅膏菜

这是一种生命力旺盛且易于生长的品种，莲座形成有吸引力的叶垫。此品种很容易通过种子以及叶插和根插进行繁殖。原产地在南非开普地区。

匙叶茅膏菜

这是一种容易生长的莲座状植物，叶子像勺子。此品种在亚洲东部，澳大利亚和新西兰都有分布。

帝王茅膏菜

这是一个植株较大的、种植难度中等的品种，但是只要你不让它在夏天受高温影响，还是比较容易养活的。原产地在南非开普地区。

罗赖马茅膏菜

这种植物会长出半直立的莲座状叶子，经过几年的持续生长，形成直立的茎干。这种植物原产于南美洲，种植难度属中等。

斯氏茅膏菜

这是一种种植难度中等、具有莲座状叶子的食肉植物，叶子粗壮、漂亮。此品种很容易通过叶插和根插进行繁殖。原产地在南非开普地区。

捕虫堇属植物

樱叶捕虫堇
这是一个很容易种植的品种,开可爱的粉红色花朵。这种北美植物很容易通过叶插和根插进行繁殖。全年喜潮湿环境。原产地在美国东南部。

巨大捕虫堇
这是种大型肉质植物,花朵很大。冬季应保持干燥。在等量的珍珠岩和蛭石中生长。原产地在墨西哥的瓦哈卡州。

墨兰捕虫堇
这是一种美丽的植物,夏季叶子大而多肉,花朵像兰花。冬季必须保持稍微干燥。在等量的珍珠岩和蛭石中生长。原产地在墨西哥和危地马拉。

柯文捕虫堇
这是一个充满活力的杂交品种,冬季应保持略微干燥。在等量的珍珠岩和蛭石中生长。这个杂交品种是在英国皇家植物园邱园中培育的。

爱丝捕虫堇
这是一个微小但坚韧的品种,拥有宝石般的叶片和繁多的花朵。冬季应保持略微干燥。在等量的珍珠岩和蛭石中生长。原产地在墨西哥。

威悉捕虫堇
这是德国培育的杂交品种,由墨兰捕虫堇和爱兰捕虫堇杂交而成。冬季应保持略微干燥。在等量的珍珠岩和蛭石中生长。这个杂交品种是以德国威悉河命名的。

狸藻类植物

这类植物适宜在等份泥炭、沙土中生长。

少花狸藻
这种水生物种一般常年生长覆盖于浅水中。开黄色的花。陷阱很容易被观察到,因为它们没有隐藏在土壤中。它出现在热带地区,但喜欢凉爽的冬季。

利维达狸藻
这是一种自由开花且容易种植的品种。它能开出优雅的浅紫色花朵,并大量盛开。它原产于非洲的热带和亚热带地区,可作为阳台植物,也可在玻璃缸中培育。

小白兔狸藻
这个品种形状貌似小白兔,可以开出许多漂亮的花朵。它很容易种植,会很快在花盆中繁殖。它可以常年保持湿润。它起源于南非,可以在窗台上生长得非常好。

捕蝇草

泥炭、珍珠岩、沙子的等量混合土是种植捕蝇草的理想土壤。

捕蝇草
捕蝇草来自美国的北卡罗来纳州和南卡罗来纳州,这种植物在合适的条件下相对容易养活。确保将它种植在酸性、无营养的土壤中,如苔藓泥炭,并添加珍珠岩和沙子以改善排水。在春季和夏季,将花盆放在几厘米的水中,以保持土壤湿润。在冬季,不要让土壤变干,但可以减少浇水频率,使休眠的植物保持湿润即可。水必须非常纯净,雨水最为适宜。建议每年在休眠期间给捕蝇草换土或重新栽种,但最好在春季恢复生长之前进行。

热带猪笼草

热带猪笼草适宜的温度为15℃以上。建议使用等份泥炭、珍珠岩、树皮的混合土。只有在空气湿度为70%以上的情况下,这种植物才会形成漏斗状。

葫芦猪笼草

这是一个不寻常的品种,有蜡质外观、优雅的瓶状体。它是所有猪笼草植物中最易养的品种之一,其杂交品种更是如此。全年保持湿润即可。原产地在菲律宾。

大猪笼草

这是一个大而美丽的品种,瓶状体上有醒目的图案。只要气温别太高,它就能茁壮成长。全年保持湿润。原产地在印度尼西亚。

莱佛士猪笼草

这是一个生长迅速、非常漂亮的品种,外表呈瓶状。它是最容易生长的低地猪笼草植物之一,可以忍受潮湿的环境。原产地为马来西亚、新加坡和印度尼西亚。

北美猪笼草

这些植物在等份泥炭、珍珠岩、沙子混合土中生长良好。

黄瓶子草

这是直立的品种,有大喇叭状的黄绿色瓶状体,瓶状体上有红色标记。"猪笼"的高度可达1米。

白网纹瓶子草

这是一个美丽的品种,在优雅的瓶状体顶部有美丽的脉纹。该品种在春季会产生大量的花球,在秋季会再次产生花球。

紫花瓶子草亚种

该品种有宽大的、像肚子一样的瓶状体,形成一个靠近地面的莲座。通常来说,其对生长环境并不挑剔,一年四季都能忍受潮湿的环境。

沼泽猪笼草

一般不建议初学者种植沼泽猪笼草。只有当你成功种植过其他食肉植物的情况下才可以尝试种植沼泽猪笼草。

卷瓶子草

卷瓶子草呈瓶状,适应性强,能忍耐的温度比其他物种更高。养好它们的秘诀是全年白天的最高温度不超过23℃。冬季温度不得低于8℃。

奥尔巴尼猪笼草

土瓶草

一般来说,土瓶草很容易生长,一年四季都需要潮湿的环境,不适合长时间在水中生长。一些种植者从上面浇水,还有一些种植者用托盘补充水分,但如果使用托盘,要通过添加珍珠岩使土壤透气,泥炭、珍珠岩各占一半就可以了。它主要在冬季形成瓶状体,此时应保持潮湿,因为它仍在生长中。

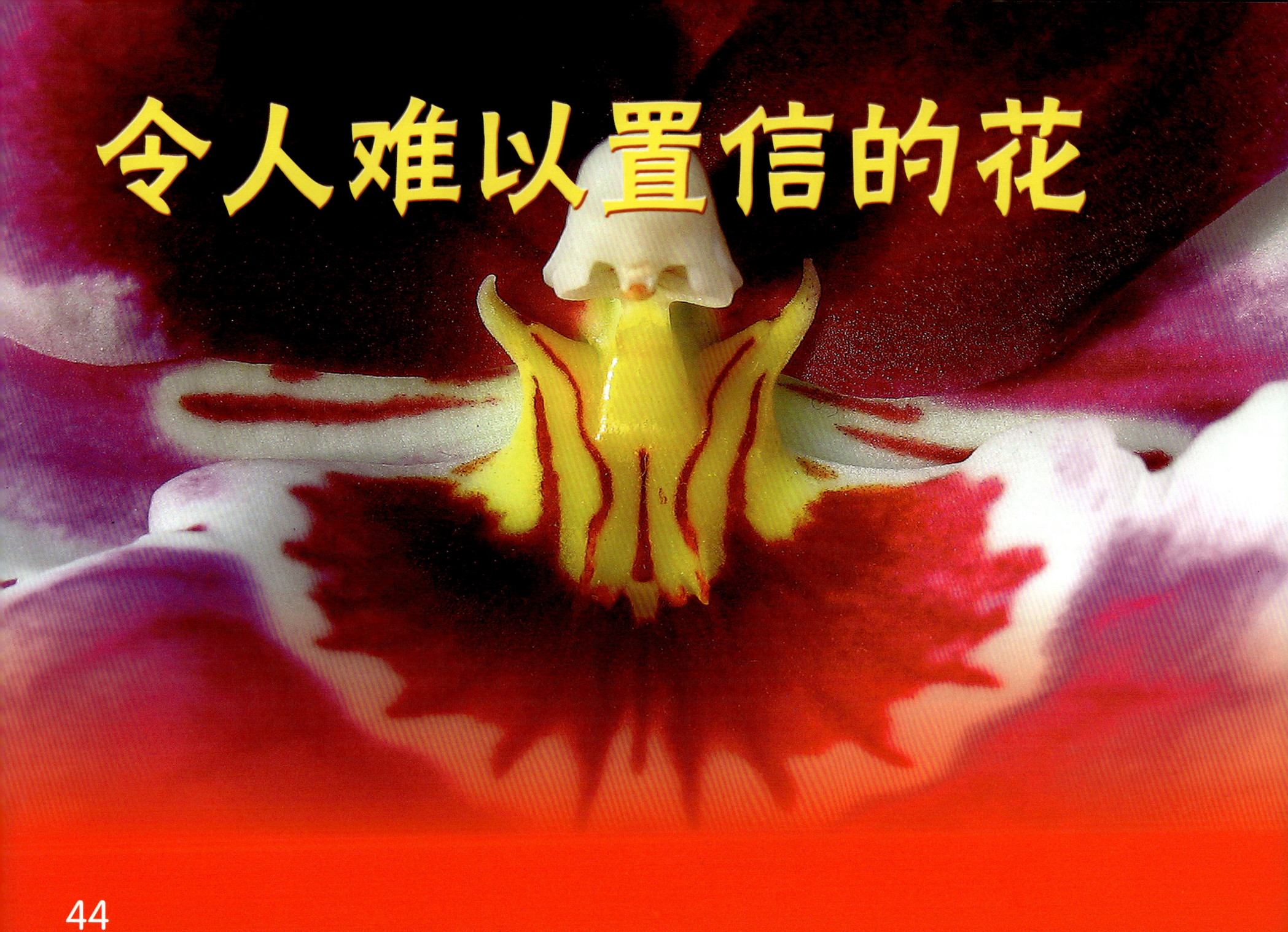
令人难以置信的花

世界上最大的花

世界上最大的花长什么样？首先我们要确定如何对花进行分类。有些植物的花呈圆形，周围长有五颜六色的半圆形花瓣。但在另一些物种中，花是由一个花葶组成的，花葶由许多小花排列在一起组成，花葶分为分枝和不分枝的。

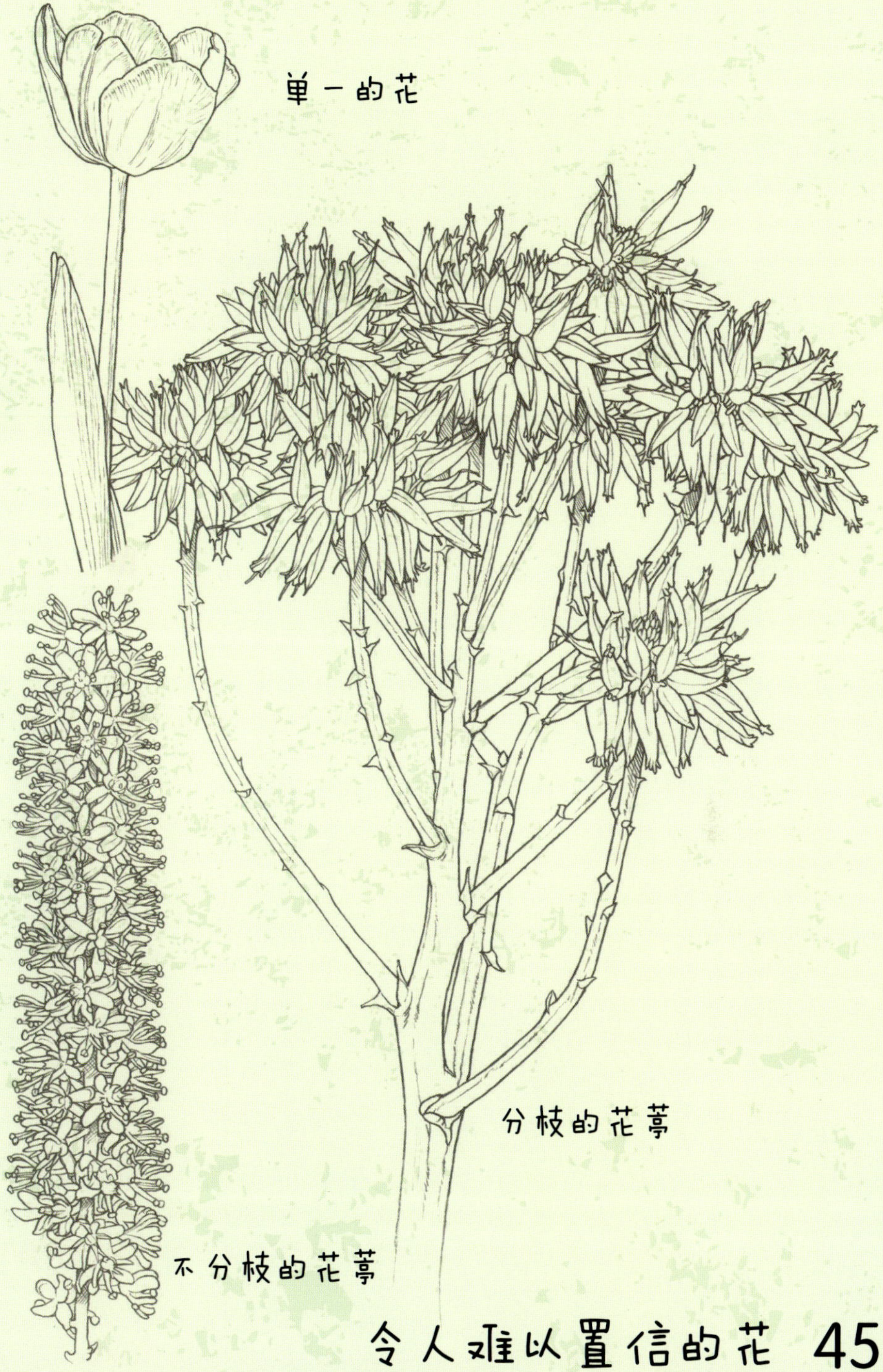

单一的花

分枝的花葶

不分枝的花葶

令人难以置信的花

最大的单花

1米宽

最大的单花植物是大王花。大王花属有很多种,但有一种叫大花草的植物,生长在苏门答腊(印度尼西亚的一个岛屿)的丛林中,它开的花,宽度超过1米,重量超过10千克。像所有的大王花一样,大花草只持续几天就会腐烂和死亡。

大王花是一种非常奇怪的植物。它没有任何叶子或根,而是寄生在一种叫作崖爬藤的热带藤蔓中。大王花会窃取它所需的所有能量,以供给其巨大的花朵。

遗憾的是,这种特殊的生命周期使得大王花几乎不可能被种植,因为要种植大王花,你首先要种植热带藤蔓。

最大的分枝花葶

虽然大王花可能是植物界中最大的单花植物，但许多其他植物开的花葶要比大王花大得多，只是花葶中有许多较小的单朵花。

最大花葶的纪录属于印度南部和斯里兰卡的贝叶棕榈。这种巨大的棕榈树能长到25米多高，直径超过1米。它可以生长60年，然后开出一个巨大的花葶，长达8米，可以有几百万朵花。

令人惊奇的是，每棵贝叶棕榈在其一生中只产生1个花葶，因为一旦果实成熟，产生种子，植物就会死亡。

与许多棕榈树品种一样，贝叶棕榈很容易种植，但由于其巨大的体积，使得它几乎不可能在热带以外的地方种植。

每棵高达8米

最大的不分枝花萼

巨魔芋开出的花高度可超过3米，宽度超过1.5米。这种巨大的花像腐烂的肉一样臭，吸引以动物尸体为食的传粉者。大多数巨魔芋至少要生长7年才能开花。

超过3米高

超过1.5米宽

巨魔芋有一个不太知名的近亲,叫作大魔芋。这种魔芋的花比较小(一般为 1.5 米),但它生长在一根巨高的茎上,这个茎可达 5 米高,可能比路灯杆还高。这样的高度可以使花的气味在雨林中传播得更远。

这是一株大盆栽

巨魔芋如此巨大,以至于它必须种植在一个至少 1.5 米宽的盆子里。它还有一个巨大的地下块茎,称为球茎,能像土豆一样储存能量。爱丁堡皇家植物园的园丁们保持着迄今为止种植最大巨魔芋球茎的世界纪录。他们种植了一株巨魔芋,它的球茎开始时只有橙子那么大,但是 7 年后,球茎的重量已经达到了 153.9 千克。

令人难以置信的花

安第斯皇后

凤梨科植物通常是小型的植物，凤梨花通常长在树枝上。但在南美洲安第斯山脉 3000 米以上的岩石坡上，生长着世界上最大的凤梨科植物。这种巨大的植物在当地被称为"安第斯皇后"，而科学家则称其为普亚凤梨。巨大的尖叶在它高达 3 米的树干上长成一个球状。当它开花时，不分枝的花葶可达 8 米高，这种植物可以长到 16 米或更高，每个花葶可以开出约 20000 朵花。

食羊植物

"安第斯皇后"有一个近亲叫智利普亚凤梨。这种植物的叶子更小,但覆盖着尖锐的刺。鸟类,甚至羊都会被它叶子上的刺缠住。据报道,有许多起动物死于这种植物树叶的案例。当地牧民给它起了个绰号,叫"食羊植物",有些牧民非常讨厌这种植物,为了保护羊,他们一有机会就烧掉它。因此,"食羊植物"在其原产地变得越来越稀有。

令人难以置信的花

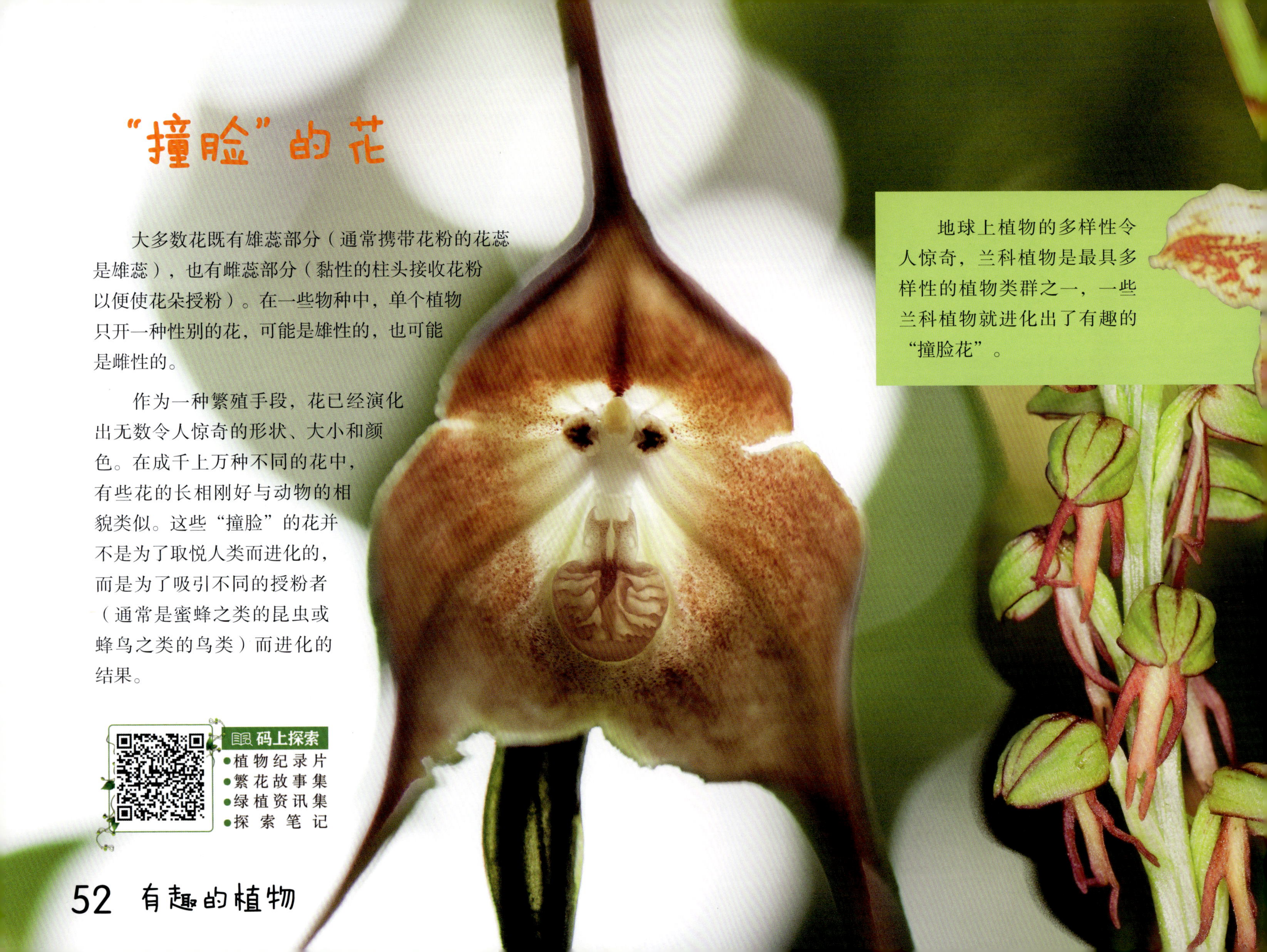

“撞脸”的花

大多数花既有雄蕊部分（通常携带花粉的花蕊是雄蕊），也有雌蕊部分（黏性的柱头接收花粉以便使花朵授粉）。在一些物种中，单个植物只开一种性别的花，可能是雄性的，也可能是雌性的。

作为一种繁殖手段，花已经演化出无数令人惊奇的形状、大小和颜色。在成千上万种不同的花中，有些花的长相刚好与动物的相貌类似。这些“撞脸”的花并不是为了取悦人类而进化的，而是为了吸引不同的授粉者（通常是蜜蜂之类的昆虫或蜂鸟之类的鸟类）而进化的结果。

地球上植物的多样性令人惊奇，兰科植物是最具多样性的植物类群之一，一些兰科植物就进化出了有趣的“撞脸花”。

码上探索
- 植物纪录片
- 繁花故事集
- 绿植资讯集
- 探索笔记

来自美洲的兰科文心兰属植物开的兰花，看起来像穿着裙子跳舞的女士；而来自欧洲和亚洲的许多兰科植物开出的花，则看起来像跳舞的男子。

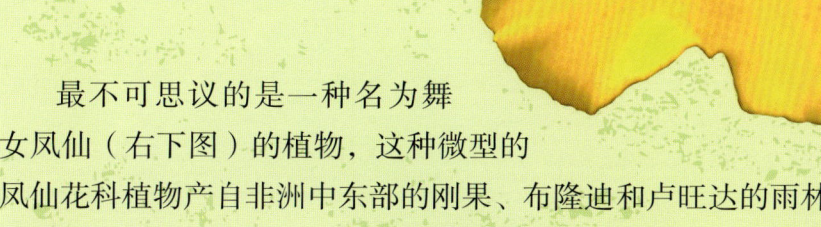

最不可思议的是一种名为舞女凤仙（右下图）的植物，这种微型的凤仙花科植物产自非洲中东部的刚果、布隆迪和卢旺达的雨林中。它们匍匐在地上生长，它们的茎接触到有土壤的地方就会扎根，但它们都只能长到20厘米左右。它们的特别之处在于其令人惊叹的小花。虽然这种白色或淡粉色的花只有1.5厘米长，但是看起来就像穿着芭蕾舞裙、戴着帽子、张开双臂、惟妙惟肖的小女孩，不出所料，它们获得了"舞蹈女孩"的别称。

令人难以置信的花

狭叶白蝶兰开出的花看起来很像飞翔的白鹭,所以也被称为白鹭兰。

澳大利亚的飞鸭兰由船底形状的花瓣复合而成的花朵就像凌空飞起的小鸭子,这是为了吸引黄蜂而进化出来的。而南美洲的猴面小龙兰(见第52页左图),看起来就像猴子的脸。

在马尔维纳斯群岛,福瑟吉尔蒲包花生长在岩石质地的山坡上。这个物种的花朵看起来像拖鞋,也像一张目瞪口呆的脸。

如何种植

许多"撞脸花"看起来极不寻常,也很难种植,但并不是所有的"撞脸花"都难养。三色堇是"撞脸花"中最容易种植的植物之一,它们很容易在户外的花园里、花盆里或阳台的花箱中生长。它们需要的是优质的盆栽土、每隔几天洒一点水以及提供充足的阳光。

如果你想尝试种植其他"撞脸"的植物,可以考虑以下几种。

猴面小龙兰

猴面小龙兰有奇怪的三瓣式花朵,很像猴子的脸。这个物种来自南美洲安第斯山脉的热带雨林。种植它的成功秘诀是记住其原生生境,并保持凉爽。猴面小龙兰其实很容易养活,只要生长环境白天18～20℃,晚上8～15℃,保持湿度高、光线好。对于土壤条件方面,最好把它们种在排水通畅的花盆或网篮中,里面装满细小的兰花树皮,并保持潮湿。

舞女凤仙花

舞女凤仙花在1922年被首次记录,但是直到最近人们才开始种植它。"舞蹈女孩"很容易在室内普通的、排水良好的盆栽土壤中生长,只要为它们提供温暖(20～28℃)、潮湿(湿度50%～80%)的环境和光照即可。许多凤仙花都易于生长,是种植的好选择。

金鱼草

金鱼草是一种很受欢迎的花园花卉,有许多美丽的品种。但它的蒴果却与众不同,看起来像人的头骨(见第57页)。但它们很容易种植,开美丽的花、结吓人的果,使其集天使与魔鬼于一身,与三色堇一样,这些坚韧的植物在室外的花坛、花盆或阳台花箱中生长得最好。它们喜欢有充足阳光的地方,适宜生长在潮湿且排水通畅的盆栽混合土中,适宜生长温度为10～30℃。

恶魔之手

恶魔之手是一种来自危地马拉的热带山地植物,会开一些非常奇怪的花朵。但是,这些花像一只手指纤细的手,从红色的花瓣中伸出来,每根手指的末端都有长长的指甲。这些植物实际上可以在温暖地区的室外种植,但由于它们不喜欢低于5℃的温度,因此最好把它们放在凉爽的温室里,喜光照,适合潮湿的、优质的盆栽混合土壤。

吓人的花

有些植物的花看起来有些吓人。如双目马兜铃俗称黑武士（右图），是一种热带藤本植物，开出的花朵悬挂在半空中，看起来就像《星球大战》中邪恶机器人统治者的头盔。这些像头盔的小花甚至有两个白色眼窝。

在南美洲，有一类群的兰花属于小龙兰属，有几种兰花的花色是血红色的，萼片上长有长而尖的刺。其中就有一种长着黑色条纹花朵的兰花，被称为吸血鬼小龙兰（下图）。

如何种植

马兜铃属植物

　　双目马兜铃属的植物偶尔会在网上出售,由于它们不同寻常,所以非常抢手,一经上市很快就被卖光了。它们原产于危地马拉和洪都拉斯,在 18～28℃ 的温度下生长最好,最低生长温度约为 12℃。只要你能保持它们在温暖的生长环境,它们就相对容易养活。因此,它们最好种植在温暖的、非常明亮的房间里。如果想看同样怪异的花,可以看看卷毛马兜铃、舟状马兜铃(下图)和提拉坎布马兜铃,它们看起来像食肉植物猪笼草,只要保持温度在 12℃ 以上,并提供充足的阳光,它们很容易就能成活。

小龙兰属

　　小龙兰属是能在欧洲西北部种植的最受欢迎的南美兰花,许多小龙兰属的植物都很容易种植,只要保持环境凉爽和湿润,即白天温度 18～20℃,夜间温度 8～15℃,保持高湿度和充足光线,那么大多数热带兰花都能在优质的兰科植物花土中生长。

金鱼草的蒴果

嘴唇花

其他植物也有形状奇特的花朵。嘴唇花可以开出鲜红的嘴唇状的花。"嘴唇"是植物的花朵，更准确地说，它们是由叶子进化而来的红色苞片组成的，苞片中间会开出星形的小花，用来吸引蝴蝶和蜂鸟。

如何种植

嘴唇花分布在中美洲，范围从墨西哥南部到哥伦比亚北部。作为一种热带植物，尽管它也能短暂忍受12℃以下的温度，但它在20～28℃的温暖条件下最适宜生长。应将它种在营养丰富且湿润的盆栽土中，并放置在湿度50%～80%的地方。对这种植物应给予充足的光照，但对于幼苗来说，应避免长时间的阳光直射，以防止叶片被灼伤。

四点钟的花

为了吸引传粉者，一些植物进化出了特别的花朵，其不仅形状和颜色特别，而且开花的时间也很特别。紫茉莉的花朵大约下午4点开始开放，所以它的英文名简单直白地称为四点钟的花，在整个晚上它都产生强烈的、甜美的香味，吸引夜间的传粉者（特别是飞蛾），然后在第二天早上合拢花瓣。

有趣的是，紫茉莉会在同一株植物上同时开出不同颜色的喇叭状花朵，每一朵花都可以由红色、黄色、粉色或白色等不同颜色组合而成。

如何种植

这是一种非常容易种植的植物，你可以将紫茉莉直接种在花园里，如果你想让它们常年生长，也可以将其种在花盆里。将种子播种在肥沃的土壤中，并保持土壤湿润，把花盆放置在阳光充足的地方。种子通常会在2周内迅速发芽，幼苗也会迅速生长。

因为这种植物在阴暗的环境中会变得很瘦弱，不容易开花，所以要为你的紫茉莉幼苗选择一个阳光充足的地方，并确保土壤不会干涸或积水，施用缓释肥料，并每月施一次液体肥料，就能使其满园盛开。

一旦你的紫茉莉开始绽放，你可以留意它的花开得是否准时，是否在下午4点开放。花开时间和天气也有关系，阴天时，花可能会晚一点开放。

令人难以置信的花

蝙蝠花

潜藏在热带雨林阴湿处的蝙蝠花是所有植物中开有最奇特花朵的一种。它与其他密切相关的几个同属物种都起源于东南亚和中国。

其花葶为深紫色、栗色或黑色，由两对蝙蝠翼状的苞片组成，苞片下长有线状的须，称为小苞片。花梗上长有多达25朵小而圆的花，它们开放时指向上方，开完花后向下垂落。整棵植物可能达到50厘米高、30厘米宽。

没有人确切地知道为什么这些花要长成蝙蝠的形状。一些植物学家认为，蝙蝠花的颜色和形状类似于腐烂的有机物，以便吸引苍蝇。还有人认为，这种花的奇怪形状是为了能够自我授粉而进化演变的。最后一种理论认为，这种花的胡须可以让蚂蚁爬到花上，进行交叉授粉。

不管是什么原因造就了这种不寻常的花，蝙蝠花很容易在家里种植。虽然你可以从种子开始种起，但为了能够尽快达到最好的观赏效果，还是应该选择直接养一株成熟的蝙蝠花，这样它很快就能开花。在野外，蝙蝠花是底层植物，生长在雨林中阴暗潮湿的环境中，所以在人工养殖中，它们更喜欢在阴凉处，且在不受阳光直射的情况下生长。

如何种植

蝙蝠花需要低光照，因此它非常适合种植在室内，确保环境温度保持在5℃以上，并将蝙蝠花种植在营养丰富、排水良好的土壤中，这对蒟蒻薯属植物至关重要。兰花科植物的花土非常适合蝙蝠花的生长，通常要添加点珍珠岩，以确保土壤能有效排水。保持土壤湿润，但不要过于潮湿，太潮湿就可能导致烂根。在生长季节，每周浇水两次左右，并确保其湿度保持在一定水平。如果需要，可以用喷雾器喷洒。鼓励使用缓释肥料颗粒，并且在生长季节每两周施一次液体肥料。

天堂鸟花

来自南非的鹤望兰，俗称天堂鸟花，开出的花比蝙蝠花更艳丽。它之所以被称为天堂鸟，是因为它的花与新几内亚的天堂鸟很相似，不过天堂鸟花的授粉却是由太阳鸟来完成的。

令人难以置信的花

柱头
雄蕊

当太阳鸟造访天堂鸟花时，有时会把蓝色的雄蕊当作栖息枝，站在上面休息并舔食花蕊底部的花蜜。鸟儿站在花蕊上，其重量会使花蕊裂开，花粉就会粘到鸟儿的脚上。当鸟儿飞到下一朵花时，它便将花粉自然传播到位于雄蕊顶端的白色、有黏性的柱头上，完成授粉。

龙虾爪花

天堂鸟花并不是唯一利用鸟类来授粉的植物。蜂鸟经常在美洲各地长途迁徙，需要定期吃花蜜来补充能量。来自美洲的一类蝎尾蕉属植物已经成了蜂鸟们的"加油站"。在许多蝎尾蕉属的植物中，蜂鸟能够栖息在一朵花上，当蜂鸟把喙伸进花中，喝下甜美花蜜的同时，在蜂鸟的头顶上会沾染上一点花粉，这样，当蜂鸟造访下一朵花时，就会帮植物完成授粉，使花受精。

一些蝎尾蕉属植物的花会让人联想到直立的天堂鸟，而其他一些蝎尾蕉属的花则排列成壮观的花串，成排地挂在一起，长度达到1米或更长。还有一种蝎尾蕉属植物的花看起来就像红色的龙虾爪子。

如何种植

天堂鸟花和龙虾爪花在一年中的大部分时间里生长所需条件基本相同。这两种植物在花土质量好、排水畅通、保持潮湿的大花盆中均能生长良好。适宜生长的温度为 18~28℃，保障有充足的光照，最好每天能有几个小时的阳光直射。在最热的月份，可以将它们搬到室外。

它们的不同之处，在于冬季的养护。由于天堂鸟花来自南非的南端，所以它们在冬季应该保持在 10~15℃左右，土壤较干燥。相反，龙虾爪花是热带植物，喜欢全年温暖潮湿的环境，所以冬季最好把它们放在暖棚或温室里。

激情花

除了昆虫和鸟类，有些植物的花几乎完全由哺乳动物完成授粉，如马达加斯加的旅人蕉，它是由狐猴完成授粉的。许多其他植物的花吸引蝙蝠或啮齿动物，尤其是在夜间。

还有一些植物进化到可以吸引广泛的传粉者，最大程度地提高它们成功授粉的机会。西番莲能够开出最艳丽、最奇特的花朵。西番莲属包含500余种植物，开出的花有着令人难以置信的条纹和图案。

西番莲属植物的大多数种类来自中南美洲，色彩斑斓的花吸引了大量的授粉者，其中不仅包括蜜蜂、马蜂和甲虫，还包括蝙蝠和蜂鸟等。

如何种植

大多数西番莲属植物需要高温,但也有一个例外。蓝色西番莲看起来完全是热带植物,但它在英国全年都可以在户外生长,可以忍受霜冻和 −10℃的温度。

种植西番莲属植物要有湿润的、肥沃的、排水良好的花园或盆栽土壤。在花坛中靠着花架或墙壁种植,让它可以攀爬,或者在直径30厘米以上的花盆中插上可供攀爬的支架。它不需要特别浇水或任何其他护理,这种常绿植物在阳光充足的地方会茁壮成长,尤其是在施用优质肥料后。

如果你成功栽种蓝色西番莲,那么你可以在温暖的温室或阳光充足的窗台上尝试一些不耐寒的、更奇特的种类。

令人难以置信的花 65

花的颜色

每朵花的颜色都不是随机产生的，而是经过特殊的生物进化方式，从而使每种植物都能吸引特定的授粉者。鸟类的眼睛对光谱中的红光特别敏感，因此，许多大红花都是为了吸引鸟类的来访。与大多数鸟类相比，昆虫的眼睛能够感知更广泛的颜色，包括人眼无法看到的紫外线。适应昆虫授粉的花朵通常会出现更多彩的颜色，但往往有我们人类肉眼看不到的图案。这些只有昆虫才能看到的"秘密"图案，是由花朵反射或吸收紫外线而产生的。

亮蓝色的花朵在自然界中相对少见。然而，西藏却是一个亮蓝色的花朵高度集中的地方，这里分布有80多种开有亮蓝色花瓣的蓝花植物。没有人确切地知道为什么西藏会拥有如此集中的蓝花植物，一些植物学家认为，在紫外线水平非常高的高海拔地区，蓝色的花朵可能比其他颜色的花朵更能吸引昆虫授粉。

此外，黑色的花比蓝色的花更少见，能开黑色花朵的植物通常具有亮黄色的雌蕊，与周围的暗颜色形成鲜明的对比。虽然自然界中很少有野生黑花，但园艺家们在栽培实践中培育出了一系列令人惊叹的黑花植物。其中最常见的是黑花三色堇（下图），它在世界各地的花园里都很受欢迎。

紫外线视野

生物学家们都知道，昆虫看到的光线光谱与人类视野里的光线光谱不同。蜜蜂、甲虫和蝴蝶亦是如此，它们是植物的重要授粉者。如果你用昆虫那样的视野去看一朵花，那么你所看到的花将与人类视野看到的完全不同。有人认为，花中间的紫外线暗区可指引昆虫寻找花蜜和花粉。在紫外线下，花粉通常会发出亮光，从而使以花粉为食的昆虫能够找到花的中心。

世界上最臭的花

并非所有的植物都如玫瑰或三色堇那般芬芳，许多植物的花还有臭味。有些花闻起来像腐烂的肉，有些花则散发着粪便的臭味，还有些花闻起来像臭鱼。世界上最臭的花，即使你站在20米以外的地方都能闻到臭味。

臭花们长什么样

为了吸引喜腐、喜臭的授粉者，臭花们往往进化出类似的特征。它们模仿成肉的样子，臭花往往没有鲜艳的颜色，而是由深浅不一的橙色、棕色、红色或紫色组成。同时，为了强化逼真的效果，它们通常有粗糙或疣状的表面，并覆盖着毛发。世界上许多臭花的花期是短暂的，只在短短几天内集中释放出臭味。

为什么有些花会发臭

虽然大多数花会分泌芬芳的花蜜来吸引蜜蜂和蝴蝶，但也有少数花专门吸引喜欢腐肉和粪便的授粉者，如腐蝇和苍蝇。因此，为了有效地吸引这些授粉者，少数植物的花朵需要有令人作呕的气味和不同寻常的外观。

大名鼎鼎的臭菘（俗称黑瞎子白菜）

世界上最臭的花

最臭的花和水果来自哪里

世界各地发现的能散发难闻气味的植物有数百种之多,当然在这本书中肯定无法一一列举。这些植物分布于各种不同的环境中,包括分布于非洲和中东地区的异常美丽且难闻的海星花,来自亚洲、非洲、澳大利亚部分地区及其附近岛屿的发臭的巨大魔芋,来自地中海地区色彩斑斓的散发腐臭味的龙形百合,来自东南亚的榴梿,以及来自非洲和亚洲的令人强烈不适的伏都百合。

绿萝桐

有一种来自墨西哥的灌木,名为绿萝桐,俗称汗脚树。绿萝桐开着绿色的小花,它依靠气味来吸引授粉者,它的花散发着汗脚的酸臭味。

码上探索
- 植物纪录片
- 繁花故事集
- 绿植资讯集
- 探索笔记

寄生的花

大王花属是分布在亚洲的寄生植物，生活在宿主的藤蔓内，大约有 28 个物种，除了花和果实外，没有任何其他可见的部分。它们通过网状的纤维状组织存在于宿主的藤蔓内，并窃取它们所需的全部能量用来长出巨大的花朵。大王花属中最大的一种植物会开出一朵疣状的橙色花朵，直径达 1 米（见第 46 页），这是地球上最大的单花。大王花属植物的每朵花开放的时间通常不超过 6 天，当它们开放时会释放出相当重的气味，从而吸引喜欢腐肉的昆虫。

普锐斯大王花

世界上最臭的花

致命的蒙骗植物

产自亚洲的一类名为藤寄生属的植物，与大王花属的植物关系密切（这两个属的植物都属于大花草科），但藤寄生属植物开的花可能更加怪异。藤寄生属植物的花看起来像一只章鱼，在地面上展开。它的花有许多花瓣，每个花瓣的末端都有一根卷须，卷须蔓延到雨林的地面上。藤寄生属植物的花还散发着腐肉的臭味，吸引苍蝇飞到它那发臭的、褐色的、多毛的花上。苍蝇误把这种花当成动物尸体，将卵产在花的表面。当苍蝇在花间寻觅时，不知不觉中就粘上了花粉，帮花朵完成了授粉。苍蝇卵很快孵化出小蛆，当蛆虫爬过藤寄生花的表面，却发现根本没有腐肉可供采食。这些蛆虫最终要么饿死，要么被爬到花上的蚂蚁杀死。因此，藤寄生属中的马来寄生藤被称为小苍蝇杀手植物。

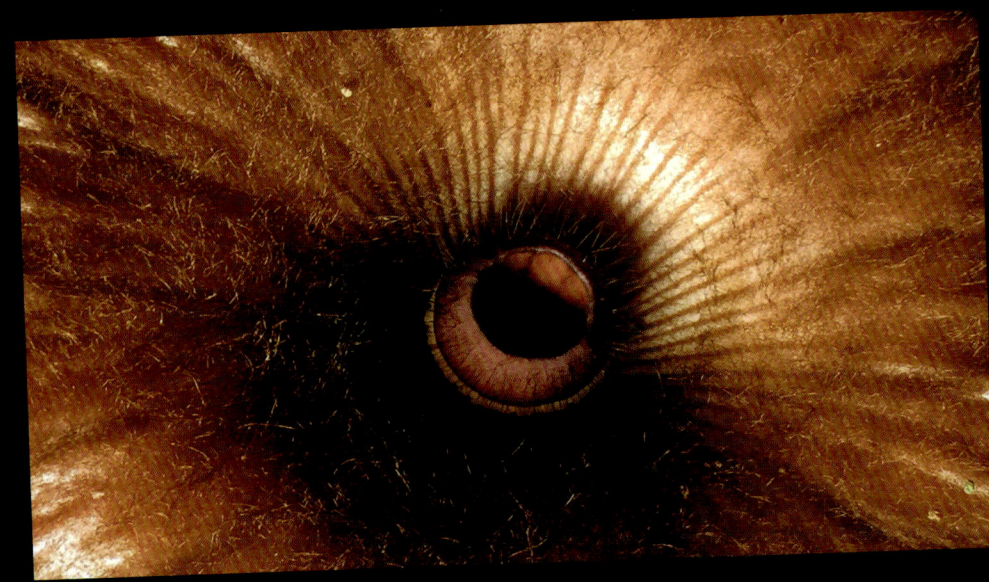

臭水果之王

不仅花会发臭,有些水果也利用难闻的气味吸引动物吃它们的果肉,帮它们传播种子。榴梿是世界上最臭的水果之一。榴梿原产于东南亚,长得像一个带刺的足球,挂在树上,它重达几千克。在果实内部,大的种子被一层黄色或奶油色的果肉包裹着,散发难闻的气味,通常被比作烂洋葱一样臭。人们对这种水果的态度通常是两极分化的,要么非常讨厌它,要么非常喜欢它。在亚洲的许多地方,气味难闻的榴梿被人们视为一种美味,常常被称为水果之王。

世界上最臭的花

海星花
（犀角属及其亲缘属植物）

这类矮小的多肉植物家族中包括几个属，其中犀角属、巨龙角属、剑龙角属和豹皮花属是最著名和种植最广泛的。因为其分裂成5瓣的花看起来像海星，所以这些植物被称为海星花。因为它们能散发出腐肉的臭味，以吸引授粉者，有时也被称为腐肉花。

海星花具有生长缓慢的、肉质的、灰绿色的无叶茎，暴露在阳光下时，通常会变成明亮的橙色或红色。茎可长到25厘米高，有的长有毛刺。虽然海星花看起来像仙人掌，但这些发臭却壮观的植物实际上和仙人掌属于完全不同的多肉植物类群。

它们产自哪里

海星花分布于非洲的沙漠和干旱平原，特别是南非及其邻近国家。

★ 它是如何生长的

在有海星花分布的沙漠生境里，它们暴露在极端环境中，包括强烈的阳光、高温和极少的雨水。它们通常生长在岩石中或其他植物下，在那里它们可以得到一点保护，免遭阳光的炙烤，它们的短茎匍匐在地上，在条件适宜的地方可以蔓延成大片。

海星花植物厚厚的肉质叶子，能非常有效地储存水分，从而使其可以在没有任何水的情况下存活数月。随着成长，海星花的茎往往会断成几段掉落在地上，茎段落地生根，使这种植物得以广泛繁殖。

★ 花

虽然许多海星花开的花直径约为5～6厘米，但大豹皮花在完全开放时，直径可达41厘米。

海星花的花朵是裂成5瓣的、扁平的，上面通常有红色、紫色、黄色、橙色和黑色的复杂条纹或斑点，纤细的雌蕊，位于星形花朵的中间。

世界上最臭的花

引人注目的颜色和图案，使得这些花与单调的沙漠景观形成了鲜明的对比，因此它们能吸引到授粉昆虫。令人惊讶的是，这些花的颜色甚至比我们能看到的还要鲜艳。许多海星花的图案只有在紫外线下才能看到，我们人类直接通过肉眼是看不到的，但这些花对授粉的昆虫而言更加醒目。

这些花还能模仿动物的尸体。许多种类的海星花植物的花瓣被毛发覆盖，其表面凹凸不平，看着像动物腐烂的肉。在海星花植物中，有些种类的花可能只开放几天，还有些种类的花能持续开放一个星期甚至更长时间。

这些花是非常具有欺骗性的。苍蝇被骗到花上产卵，把花瓣当成腐烂的肉。当苍蝇寻找产卵的最佳地点时，无意中就帮花朵完成了授粉。通常情况下，苍蝇卵孵化出的小蛆很快就会被饿死。

它闻起来像什么

海星花真的很臭，有时人们形容这种臭味就像臭鱼、腐肉或粪便的臭味。许多海星花植物都能散发这种腐臭味，以便吸引苍蝇。

通常在炎热的下午，海星花的味道尤其臭，气味可以散发到很远。

世界上最臭的花

如何种植

事实上海星花很容易种植,而且养护成本极低。杂色豹皮花是最容易种植的海星花植物之一,它的花朵看上去非常有趣,推荐入门者尝试种植。

你可以从种子开始种植海星花,但从幼苗到长成开花的大小,至少需要3年的时间。因此,要想更快地亲身感受一下这难闻的花,可以购买成熟的植株或已经生根的扦插茎。

由于海星花是沙漠植物,生长在沙质、排水快、岩石多的地方,所以它们需要沙质土壤。将盆栽土和沙子或沙砾按照1∶4的比例进行混合,选择一个底部排水良好的花盆,最好是没有釉面的,从而能让多余的水分蒸发掉。这个花盆的大小,应该刚好可以容纳要栽种的海星花。许多海星花植物实际上喜欢稍微拥挤的环境,这将使植株保持紧密和紧凑。

你可以全年在阳光充足的窗台上或温室中种植海星花,也可以在夏季的温室中种植,或在室外作为庭院植物栽种。它们不耐寒,如果暴露在冰冻的环境中就会死亡。如果你在户外种植海星花,那么当温度降到10℃以下时,最好将它们移植到室内。

过多的阳光会导致海星花茎部出现红色或紫色色素,最终会减缓植株的生长。光照过少会导致植株生长脆弱、瘦弱,造成开花次数减少。在冬季,温度下降和光照水平降低,会引发海星花进入休眠状态或生长非常缓慢。

一定要注意,不要给海星花浇水过多。与大多数多肉植物一样,如果湿度太高,它们很容易腐烂,这也是海星花栽培中最常见的死亡原因。在冬季,海星花几乎不需要任何水,每个月浇一次水就行。在春季和整个夏季,当土壤触摸起来很干时,才需要浇水(通常每1~2个星期一次)。如果不确定是否干燥,就不要给海星花浇水。如果天气太干燥,海星花的茎会起皱,但浇水后,会恢复到正常茎的形状。

许多种植者发现最好将花盆放在浅水盘中 1 个小时,让土壤通过花盆下的排水孔吸收水分,而不是从上面浇水,这样做可以将腐烂的可能性降到最低。在浇水期间,还要确保花盆能自由排水,若将海星花盆长期放在水碟中会导致其根部腐烂。

只要把海星花放在一个温暖、阳光充足的地方,它就会开出壮观的花朵。

为了促使海星花开更多的花,在春季和夏季,每两周施用一次推荐用量的一半肥料即可。8 月下旬停止施肥,以防植物在进入休眠期时继续生长。

通过扦插繁殖海星花简便易行,只需从植物上剪下一段或多段茎,放在阴凉干燥的地方 3 天,让切口的表面封闭愈合。然后将插条放在一盆海星花的花土上(注意:不是插入土中,如果用土埋起来会很容易腐烂),3 个月内插条就能长出根系。在头一年的夏季,每周给插条浇一次水,之后按成年海星花植株处理即可。

你可以向别人展示这些看起来充满异域风情的植物,让他们闻一闻"花香",然后观察他们的表情,定会给你带来无穷的欢笑。

世界上最臭的花

海芋属植物

海芋属植物，学名天南星科植物，是跨越温带、亚热带和热带地区的迷人植物。所有天南星科植物都有一个独特而不寻常的花序结构，许多小花紧紧地簇拥在一个棒状的肉穗花序的基部，而肉穗花序又被一个佛焰苞包裹着，其形状、大小和颜色因种而异。

虽然天南星科植物常常被称为"海芋百合"，但它们并不属于真正的百合科植物。

龙形百合

这种植物被称为龙形植物或龙形海芋,还有许多因其具有奇特形状的花朵而得来的别称。因其花会散发浓重的臭味,偶尔也被人们称为臭味百合。

它分布在哪里

龙形百合分布于整个地中海的东部地区,即希腊、克里特岛、爱琴群岛、巴尔干半岛和土耳其西南部的部分地区。

可以在林地、灌木丛、荒地甚至路边等不同生境中找到它们。

它是如何生长的

早春时节，每一株龙形百合都从地下长出一个长长的花蕾。经过几个星期的生长，花蕾扩大并展开，露出高达 1 米的锯齿状叶片，叶片上通常有美丽的图案和斑点（见下一页）。

在长出几片叶子之后，每棵成体龙形百合都会开花。花谢之后，露出许多绿色的小浆果，果实成熟之后会变成迷人的橙红色。龙形百合会在冬季枯萎，进入休眠状态。

花

龙形百合的花，美丽而令人着迷。它有一个深紫色、天鹅绒般的舌状佛焰苞和一个大的、黑色、角状的肉穗花序。它一旦开花，就会散发出可怕的臭味。每朵龙形百合花高可达 70 厘米，长可达 45 厘米。它的花期很短，只开放几天就会凋谢。

它闻起来像什么

龙形百合的花真的很臭，这种臭气在开花的第一天就会散发出来，随着时间流逝，臭味减轻。大多数人这样形容这种花散发的臭味，能让人联想到腐肉。

如何种植

在英国,龙形百合作为花园植物很容易被养活。最好在春季或夏季购买一株大的植株,并将其栽种到富含腐殖质、排水良好的土壤中。

夏季每三天浇一次水,确保土壤湿润。最好能给龙形百合施用缓释肥,在生长季节里每个月施用一次推荐用量一半的普通肥料即可,这将促使其在第二年春天枝繁叶茂。

龙形百合很耐寒,在冬季里可以不用对它进行特殊照料,将其放在室外即可。

需要注意的是龙形百合的花将会非常臭,这臭味能飘到数米远,而且,这种臭味还会吸引大量的苍蝇。所以,你必须仔细考虑清楚,在花园的什么位置栽种龙形百合,既能让你欣赏到它的壮观,又能让家人免遭它恶臭的困扰。

世界上最臭的花 83

魔芋属植物

魔芋属包括200多种植物，其中有几个品种能开出巨大的花朵（见巨魔芋，第48页）。许多魔芋属植物开出的花朵非常奇特，通常有一个巨大的肉穗花序。

它们产自哪里

魔芋属植物分布于亚洲、非洲、澳大利亚及附近岛屿的热带和亚热带地区,它们中许多种类通常生长在森林中的阴凉处。

它们是如何生长的

大多数魔芋属植物,每棵植物每年只长出一片叶子。叶子从地下被称为球茎(右图)的块茎中长出来,球茎可长得非常大(一些魔芋属植物的球茎重量超过100千克)。球茎中储存了植物开花和长叶所需的营养物质。

魔芋属植物的叶子形状像棕榈树叶，通常茎上有美丽的斑纹。每片叶子能存活数月，然后枯萎凋谢并长出新的叶子，循环往复。

每一片新叶子都会不断增加地下球茎中的营养物质，直至最终开出一朵壮观的单花。

魔芋属植物中最大的叶子，能有一棵小树那么大。

开花后，魔芋属植物会结出一穗浆果，每个浆果里都含有一颗种子，这些种子将被吃浆果的动物散播出去。浆果成熟后，魔芋属植物通常会休眠几个月，然后再次开始长叶子。

疣柄魔芋
在东南亚被广泛食用

花

魔芋属植物的花是地球上所有花中最壮观的。花的形状、大小和颜色因种而异，但多数魔芋属植物的佛焰苞呈一个向上翻转的漏斗形状，一根巨大的肉穗花序从佛焰苞中伸出来，佛焰苞就像烟囱一样向外散发着刺鼻的气味。

魔芋属植物的花期为 3 ~ 4 天。

它们闻起来像什么

魔芋属植物的花都有一种独特的腐烂气味，不同种魔芋属植物的花的气味略有差异，但大多数是腐肉或臭鱼的味道。

世界上最臭的花

臭气熏天的"烟囱"

在加里曼丹岛和苏门答腊岛的雨林中,生长着许多巨大的魔芋属植物,其中几种能开出高度超过2米的巨大花朵。在这些巨大的花朵中,肉穗花序就像一个烟囱,一些魔芋属植物的肉穗花序甚至还会加热,从而促进气味散发。在茂密的雨林中,昆虫即使看不到它们,也能被它们的气味吸引过来。每棵魔芋属植物都是"不鸣则已,一鸣惊人",不开花的时候貌不惊人,一旦开花就"臭"名远扬,臭气可以飘到几千米之外,能把很远的昆虫都吸引过来,帮其完成授粉。

如何种植

魔芋属植物的花大小不一,从世界上最大的不分枝花葶到只有10～15厘米高的小花葶都有。然而,大多数种类的花,高度介于30～150厘米,形状和大小不一。最适合初学者尝试种植的植物是花魔芋、疣柄魔芋和珠芽魔芋,这三种魔芋在许多花店里可以买到,而且它们都开有与众不同的花。

魔芋属植物栽种在肥沃的、排水良好的大花盆中,在生长过程中应该保持其生长环境湿润、温暖,温度一般控制在20～30℃,偶尔给它们施肥,以帮助它们在生长季节能够让球茎膨大。冬季,它们的单叶会枯死,这时土壤应该保持基本干燥,以防止烂根。有些人甚至把球茎挖出来,将其存放在阴凉干燥处,直到次年新的生长季节到来。经过几年悉心照料之后,这些植物会绽放出巨大的花朵,让你明白你所有的付出都是值得的。

珠芽魔芋

花魔芋

世界上最臭的花

魔芋属植物中的花魔芋，还有一个臭烘烘的"小表弟"，叫伏都百合，也是一种很好的栽培对象。

伏都百合

虽然伏都百合来自非洲和亚洲的温带及热带地区，但比花魔芋更耐寒，但为了更好地储存，推荐你按照花魔芋的过冬方法，将它的球茎挖出来进行储存。

伏都百合的球茎可以开出60厘米高的花，但是伏都百合的花非常窄，通常只有几厘米宽。佛焰苞的内侧布满非常奇怪的栗黄色斑纹，佛焰苞的外侧可能是紫色、棕色或绿色。

肉穗花序占整个花朵的比例通常较大，肉穗花序很薄，向顶部渐渐变细，整体呈暗红色、棕色或黑色。

伏都百合的花散发出的臭味经常被人们形容像牛粪味。

伏都百合在生长季节通常会长出两片外观奇特的叶子,偶尔也会长出第三片叶子。它的球茎通常较小,一般重2千克左右。经常能孳生出许多球茎,从而使伏都百合更容易繁殖。

如何种植

伏都百合看起来像一种充满热带风情的植物,在海拔3900米的高海拔地区也能生存。因为它在休眠时可以忍受冰冻严寒。

想种伏都百合,通常是购买休眠球茎来种,但偶尔也可以购买种子来种。一旦买来的球茎有萌发生长的迹象,应该及时选用直径20厘米左右的花盆,将球茎种植在10~15厘米深的肥沃的盆栽土中。甚至还可以种在花园中,前提是确保花坛高出周围地面,方便花坛及时排涝。在生长季节,15~25℃是理想的温度,同时还应保持土壤湿润。随着冬季的到来,伏都百合的叶片将会枯萎。这时,一些种植者会挖出球茎,使其免受冬季湿冷的影响,或者将花盆移到一个干燥的地方。

成熟的伏都百合球茎,在冬末春初长出叶子、生出根须之前就可能开花。此时,并不需要把它移栽到花盆里,你可以把它作为观赏珍品,这会令你的朋友和家人目瞪口呆。然而,一旦伏都百合长出根须和叶芽,就应该把它移栽到花盆里,并开始浇水。

不寻常的水果和蔬菜

今天人们吃的水果和蔬菜等农作物最初都是从野生植物演化和选育而来的，有些作物更是经历了几千年的时间。这其中就有一些十分怪异的品种。

随着世界各地文明的兴起，每个地区的先民们都在当地发现了不同种类的可食用植物，人们可以通过栽培来生产出美味的蔬菜和水果。野生植物被有选择地培育，以创造出更大、更多、更美味的果实。渐渐地，在这个过程中就产生了我们今天所知道的各种水果和蔬菜。

当然，世界各地的原生植物种类大相径庭，不同文明选育出了不同的作物，种出了特色各异的水果和蔬菜。

今天，我们可以买到来自世界各地的水果和蔬菜，但你在超市里所看到的那些种类只是几千年来人类在世界各地开发的数万种作物中的一小部分。我们今天熟知的许多水果和蔬菜，实际上只是五花八门的水果和蔬菜中比较流行的部分而已。在最初被栽培的地区，这些水果和蔬菜实际上有着令人惊叹的颜色和形状。

例如，豆子不总是圆的、大的、绿色的，世界上有数千种形状、大小、颜色各异的豆子。

世界上许多地方的水果和蔬菜，与我们身边所熟悉的种类完全不同。我们平常吃的苹果和梨，可能对别的地方的人来说就是充满异域风情的昂贵珍品。例如，在印度尼西亚的许多热带地区，很难见到温带水果，但鲜红色的香蕉和外观怪异的蛇皮果（一种具有鳞状棕色表皮的棕榈果）却是常见的水果。

下面将介绍一些奇怪、美味的水果和蔬菜，你也可以在家里栽种它们，不仅为你的家人带来惊喜，还能为你的晚餐增味添彩。

不寻常的水果和蔬菜

彩虹胡萝卜

我们想当然地认为胡萝卜是橙色的，但我们今天所熟知的橙色胡萝卜，实际上是在16～17世纪由荷兰种植者培育出来的。在此之前，胡萝卜有紫色、红色、白色和黄色等多种颜色，有小的球状胡萝卜和大的粗壮胡萝卜等，这些不寻常的胡萝卜品种大多很容易种植。所以，你不妨也种点试试。

紫色胡萝卜

胡萝卜被认为是一种原产于阿富汗和伊朗山区的野生植物，它是经过长期演化而选育出来的可食用作物。

紫色胡萝卜原产于中东，含有丰富的花青素，可预防心脏病。红色胡萝卜则原产于中国和印度。

推荐品种

世界各地有数百种胡萝卜,下面介绍几种色彩最丰富、生命力最强的品种。

"紫雾"和"紫龙"

这两个品种的胡萝卜,外皮和肉质都是深紫色的。

"宇宙紫"

这种胡萝卜的颜色是分层的,外皮和外层肉质是紫色的,而内层肉质则是橙色的,它的切片被形象地称为"宇宙紫"。

"玉石黄"和"日光黄"

这两种胡萝卜都有黄色外皮和肉质。

"缎面白"和"比利时白"

都是纯白色的胡萝卜。

"红武士"和"原子红"

这两种胡萝卜都有血红色的外皮和肉质。

如何种植

胡萝卜是花园里最容易种植的蔬菜之一,从发芽开始算起,在短短70天后,你就可以采收到新鲜的胡萝卜。

为了获得好收成,你应该把胡萝卜种在没有大石头的疏松沙质土壤中,阳光充足或轻微遮阴都没问题。最好把它们种在凸起的苗床上,或在其周围设置60厘米以上的绒布围栏,以防止胡萝卜种子被风吹走。用耙子平整一块适宜的土地,把杂草和其他植物清除干净,然后将胡萝卜种子按行距20厘米、株距4厘米、每5颗种子一组的方式进行播种。

胡萝卜喜欢凉爽的环境,在春季和秋季生长得最好。确保土壤保持湿润,种子将会在播种后的1~3周内开始发芽。需要注意的是,要掌握好你可以种胡萝卜种子的最晚时间,即冬季首次霜冻的前3个月左右。

待胡萝卜长出幼苗后,把较弱的幼苗从地里拔出来,并小心去除多余的幼苗(因为过于拥挤会长出小而弯的胡萝卜),这样每行只留下一排胡萝卜苗。

如果天气干燥,就给胡萝卜浇些水,否则它们可能会在地下开裂。生长70天后,去除一点根部周围的土,就能检查判断出你种的胡萝卜的大小。

刚收获的新鲜胡萝卜,味道最好。轻轻拔胡萝卜根部顶端的叶子,或者用园艺叉子及小铲子松土,这样就能将其连根拔起。此外,在采收之前给胡萝卜畦浇水软化土壤,也能使胡萝卜采收变得更容易。

不寻常的水果和蔬菜

白草莓

草莓很好吃，但有一种鲜为人知的草莓品种更好吃，这就是"菠萝莓"。之所以叫作"菠萝莓"，是因为它的味道尝起来与菠萝的味道出奇地相似。菠萝莓会结出直径2厘米左右的白色浆果，浆果外表布满红色的种子，这与普通草莓截然相反。

菠萝莓不是自然的产物，实际上它由欧洲、北美洲和智利的多种草莓杂交而成。所以菠萝莓不能通过播种种子来获得，你需要购买菠萝莓幼苗才能实现种植菠萝莓的愿望。

码上探索
- 植物纪录片
- 繁花故事集
- 绿植资讯集
- 探索笔记

推荐品种

"天然白""白卡罗来纳"和"白草莓D号"

这几种都是目前最好的菠萝莓品种。

如何种植

种植菠萝莓非常有趣，它们的栽培方法与普通草莓基本相同。

你可以在花园里成行种植菠萝莓，也可以把它种在阳台和露台的花盆或吊篮里。许多花店现在都有出售侧面带孔的草莓种植专用罐。这种盛具非常好，因为普通草莓和菠萝莓都有蔓生的果实，长到一定程度时就会像瀑布一样从花罐边上垂下来。

为了获得好收成，在春季最后一次霜冻之后，应尽快购买菠萝莓幼苗，并尽早将其栽种上。

选择一个阳光充足的地方，确保菠萝莓每天至少有一半的时间能获得阳光直射。应使用排水良好的土壤，以防止其根部和顶部腐烂。在土壤中混入有机肥，并加入适量缓释肥（根据包装上的说明使用），以促进其旺盛生长。

如果你想在花园里种植菠萝莓，那么你需要用耙子平整出一块没有杂草的地块。

种植菠萝莓时，把土轻轻地覆在其根部周围，不要埋得太深，要注意土壤不要高于茎叶的顶部。同时还要控制株距，以15厘米为宜，如果植株过于拥挤，会影响其生长。

每周给植物浇2~3次水，但不要每天都浇。确保土壤保持湿润而不积水，在整个生长季节，还要经常清除菠萝莓地里的杂草。

1~2个月后，菠萝莓将开出精致的白花。有些品种的菠萝莓只有与其他品种的菠萝莓栽种在一起才能完成授粉、长出果实。当你购买菠萝莓时，要向商家确认这一点。如果成功授粉，有时在栽种2个月后就会结出白草莓，然后在整个夏季不断地结果。

就像普通草莓一样，菠萝莓会自然形成匍匐茎，匍匐茎会在适宜的地方发芽生根，并最终独立生长。你可以小心地将匍匐茎从母株上分离出来，然后将其种在其他地方。

秋季应减少浇水，冬季则不需要浇水。在英国，大多数品种的菠萝莓可以在室外过冬，只要覆盖一层稻草就可以了。盆栽菠萝莓则可以移到温室、暖房、车库或地窖里越冬。

黑番茄

信不信由你，番茄实际上属于茄科植物，而茄科中包括许多毒性很强的植物。野生番茄的果实通常尝起来非常苦，但有些种类的果实也很甜。番茄起源于南美洲的安第斯山脉，人们认为第一批番茄是由西班牙人从秘鲁运到欧洲的。在意大利，番茄最早被叫作"金苹果"，这是因为最早栽培的品种实际上是黄色的，而不是我们现在常见的红色。

推荐品种

人们已经培育出了成千上万个番茄品种。这里面比较有意思的是深黑色的番茄（但在味道等其他方面是一样的）和重量可达数千克的巨大牛排番茄。以下是一些番茄的品种。

"黑美人"

现存最黑的番茄品种之一，果皮呈紫黑色，果肉呈暗红色，果实中等大小。

"黑樱桃"

一种非常小的黑皮番茄，但每棵植株都能结出大量的果实，果实有深紫色的果皮和红色的果肉。

"黑王子""黑克里姆""黑布兰迪"和"切罗基"

果皮为深黑红色，果肉通常为鲜红色。

吉甘托莫"巨人"

美国培育出的世界上最大的牛排番茄，它平均重量约为1.3千克，目前世界上番茄的最重纪录是3.51千克。

如何种植

种植番茄很容易，特别是黑番茄的植株喜欢阳光直射，高光照可以使番茄果实颜色加深。通常，暴露在阳光下越久，结出的番茄就越黑。

为了获得好收成，可以在不加热的温室中把番茄植株种到大花盆或番茄种植袋中，也可以在室外阳光充足、能避风的地方栽种，比如在露台花盆、窗台花箱或者菜畦里成行种植。

它们应该始终保持至少45厘米的间距，这样才能确保每株植株都能获得生长所需的足够光线和空间。土壤应具有良好的排水性，为获得最佳效果，可以在花土中添加缓释有机肥，以促进其旺盛生长。

如果用种子来种植，需要在2～4月间种在温室里，或在3～4月间种在室外，种子将在1～2个星期内发芽。尝试种子种植之后，你可能会发现还是在春季购买番茄苗来栽种更快、更容易。

保持番茄幼苗有充足的水分，尤其是在干燥的天气里，土壤必须保持湿润，但不能有积水。

在番茄生长过程中，需要及时清除枯叶。当它长到1～2米高时，就需要给它提供支撑，以便它的茎能直立生长。最简单的方法是给它搭个架子，每隔一段时间就把它的茎绑在架子上。

随着番茄植株的生长，叶子的联结处会萌发出许多侧芽。最好将这些侧芽掐掉，以防止其疯长，茎叶过密。

发芽后1～2个月，它就会开出黄色的小花，如果授粉成功，那么你很快就能见到绿色的小番茄开始发育和逐渐长大。只有当植株上的部分小番茄开始变大时，你才需要给它施用液体肥料，过早施用肥料对开花结果不利。

采摘也不能太急，应等到果实在植株上完全成熟后，再进行采摘。

紫马铃薯

马铃薯原产于南美洲，其栽培历史至少有5000年（有些人认为能追溯到8000年前），马铃薯和番茄都属于茄科植物，但秘鲁、玻利维亚和安第斯山脉大部分地区的先民们却把它培育成一种食物。在过去的500年里，不起眼的马铃薯被带到了世界各地，并成为数亿人的主食。

我们所熟知的黄白色瓤的大马铃薯，只是数千种马铃薯中的一部分。跨过安第斯山脉，你将发现这里的马铃薯的颜色多到令人吃惊，从黄色到红色、栗色、紫色、黑色、白色等，而且在形状和大小上也大相径庭。有些品种的马铃薯小而圆，有些品种的马铃薯上长有松果那样的小疙瘩，还有一些品种的块茎就像一根长铅笔，被称为小指头马铃薯。其实，无论马铃薯是什么颜色的，都不影响它那可口的味道。

100 有趣的植物

紫色的薯条

许多品种的马铃薯具有深蓝色的表皮和薯瓤。这些马铃薯经过烹饪加工后,通常会呈现出更加独特的颜色,比如用它们来制作紫色的薯条。

不寻常的水果和蔬菜

推荐品种

在众多五颜六色的马铃薯中,以下品种最为突出。

"设得兰黑"

这是英国在维多利亚时代,于苏格兰东北部的设得兰群岛上培育出的一种深紫皮、白瓤的马铃薯。传说,"设得兰黑"马铃薯最初是通过一艘搁浅的西班牙战舰带到大不列颠群岛上的。

"紫皇""蓝宝石""龙蛋"和"阿迪朗达克蓝"

这几个品种属于中小型马铃薯,外皮都为深色,薯瓤都是深紫色,但"紫皇"可能是所有品种中紫色最深的品种。

"紫缎"

这个品种长出的马铃薯小而瘦,薯皮是深紫色(几乎是黑色)的,薯瓤是紫色的。在紫马铃薯品系中,该品种的植株更小、更紧凑。

"约克公爵""科尔粉"和"红玫瑰"

这些品种具有红色或粉红色的薯皮,内部为浅黄色的薯瓤。它们中等大小,而且产量非常高。

"蔓越莓红"

这个品种是中等大小的马铃薯,薯皮是鲜红色的,薯瓤是粉红色的,而且瓤里面通常是粉红色和白色杂乱相间的。

"奥地利新月""俄罗斯香蕉"和"郁金"

这些品种都是中大型的马铃薯,具有黄色的薯皮和亮黄色的薯瓤。这些品种的生命力都很强,产量也很高。

如何种植

马铃薯喜欢凉爽的环境,应种在室外阳光充足、土壤湿润的菜地里,但是太潮湿的土壤会导致马铃薯腐烂。用铁锹或镢头等工具翻土,然后用耙子把土耙平,并清除掉石头和杂草,准备好马铃薯的苗床。如果你没有种植马铃薯的苗床,那么你可以在户外用一个大袋子装上一袋土来种植马铃薯。

尽可能在春季的最后一次霜冻之前,将种薯栽种到马铃薯苗床里。为每个种薯挖一个 10 厘米深的洞,如果你打算多种一些,可以挖一条 10 厘米深的土沟。种植种薯时,不要把种薯切成小块,要把整个种薯种进土中,同时要注意把它们的芽眼(马铃薯表面的小芽)朝上,然后在种薯周围施点有机肥或缓释肥,再盖上土,最后起一个 10 厘米高的小土包或沟垄。

马铃薯的芽将在 4~6 周后破土而出,当植株长到大约 10 厘米高时,在每棵植株周围堆起一些土,让这些土的高度几乎盖住叶子,但要把叶子留在土壤之上。这样做可以促进马铃薯的块茎生长,并确保它们长在土里。

保持土壤湿润,让马铃薯植株有足够的水来满足块茎的生长,并确保土壤在炎热天气时也不会干裂,因为忽湿忽干的土壤,将导致马铃薯的块茎表面显得疙疙瘩瘩或出现皲裂。

通常在播种约 10 周后,马铃薯的植株就会开花,收获的季节也快到了。每棵植株都会在地下的根部长出几个马铃薯。收获马铃薯时,可以用你的手或小铲子轻轻地挖去表层的土壤,同时注意不要破坏到其他马铃薯植株。这样做,你可以采收一些已经成熟的马铃薯,并让剩下的马铃薯植株免受干扰、继续生长,以便在整个生长季节随时进行采收。

请注意:马铃薯植株的叶子对人类和许多动物来说都是有毒的,千万不要食用。

宝石玉米

玉米,是由大约 9000 年前的一种生长于美洲中部的草本植物演化而来的。在 500 年前欧洲探险家发现并将玉米带回欧洲之前,美洲各地的原住民已经种植玉米数千年之久。

玉米是美洲最广泛种植的作物,尤其是在美洲中部地区,人们几乎餐餐都离不开用玉米做成的种类繁多的食物。如今,玉米还成为世界上许多地区人们的重要主食。

神圣的玉米

对许多美洲文化来说,玉米不仅仅是一种主要作物,还被赋予了一些含义,人们已经发现了类似于玉米穗的小神像。

黑阿兹特克玉米对美洲的土著人都有着特别重要的意义。它曾经被用来制作一种叫作摩挚托的酒精饮料,并且古法酿制延续至今。

推荐品种

与马铃薯一样,玉米也有数百种古老的品种,它们的颜色、形状和大小都令人难以置信。

"黑阿兹特克玉米"

据考证,这种美丽的黑色玉米早在2000年前就由古代阿兹特克人种植了,并自19世纪中期开始在欧洲种植。它长出的棒子上面结有乌黑发亮的黑色玉米粒,除此之外,"黑阿兹特克玉米"与普通玉米在植株上看起来没什么两样。

"草莓玉米"

这个品种长出的玉米棒子呈椭圆形,棒子非常小,最长通常不超过10厘米,棒子上结有细小的暗红色或紫色的玉米粒,非常适合制作爆米花。被晒干之后,其彩色的棒芯可以用来制作各种装饰。

"瓦哈卡绿凹玉米"

这是一个很不寻常的品种,它长出的玉米粒是绿色的,并且通常每个玉米粒的外表面都向下凹陷。"瓦哈卡绿凹玉米"是由居住在墨西哥瓦哈卡州附近的萨波特克人种植培育出来的。

"玻璃宝石玉米"

它的一根棒子上能同时结出红色、橙色、黄色、白色、蓝色、粉红色、紫色或绿色等五颜六色的玉米粒,玉米粒的表层还特别有光泽,所以看起来就像镶嵌的小珠宝一样美丽。由于它的淀粉含量很高,所以常被磨成玉米粉,用来制作玉米饼或爆米花。

"血屠夫玉米"

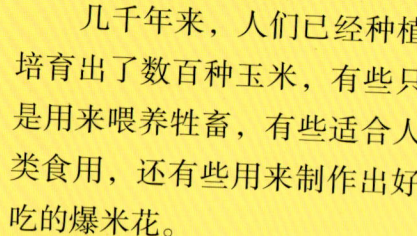

这个品种的玉米是19世纪40年代美国弗吉尼亚州的定居者从印第安人那里引入的。它长出的玉米棒上结有各种各样的血红色和紫色的玉米粒。

几千年来,人们已经种植培育出了数百种玉米,有些只是用来喂养牲畜,有些适合人类食用,还有些用来制作出好吃的爆米花。

如何种植

玉米可以在户外种植成活,即使是来自美洲热带地区的异域品种,只要稍加照料,照样可以长出色彩绚丽的玉米穗。

也有许多品种的玉米,需要温度至少达到15℃才能成功发芽,并且这种较为温暖的条件至少需要保持3个月,植株才能长到2米左右,并结出饱满的玉米穗。

你可以在阳光直射的室外挑选一块排水良好、营养丰富的土地。为了获得好收成,在准备种植玉米的地里加入复合肥或有机肥,并在栽种之前施一点通用氮肥。玉米植株主要是通过风来授粉的,因此种植时行要短,呈方格形紧凑种植,而不是将它们长长地种成一行。

当天气达到适合发芽的温度时,把每3颗种子放在一起,将其播种到3厘米深的小土坑中,株距、行距均保持在25厘米左右。然后盖上土,并把水浇足。如果室外的天气不够暖和,可以将种子放在温室、阳台或暖棚里发芽,等确定没有霜冻风险的时候再移栽到室外。

尽管许多品种的玉米都是耐旱的,但为了获得好收成,玉米植株生长的土壤在整个生长季节都应保持湿润,特别是在抽穗开花和玉米粒成熟时,保持土壤湿润尤其重要。

不同品种的玉米应该相互隔离,分开种植。如果靠近种植,异花授粉通常会使结出的玉米口感变差。

拇指西瓜

拇指西瓜也被称为驼鹿瓜或墨西哥酸黄瓜。拇指西瓜属于葫芦科植物，该科包括黄瓜和甜瓜等植物，而拇指西瓜只有葡萄大小，吃起来有黄瓜的味道，还有一丝酸橙的味道，这种味道随着拇指西瓜的生长而变得更加浓郁。拇指西瓜看起来非常可爱，因此也是非常受欢迎的食物之一。

拇指西瓜原产于中美洲，大约3厘米长，具有西瓜一样的条纹、黄瓜一样的口感，所以有"驼鹿瓜"这个俗称（注：驼鹿既像骆驼又像鹿，拇指西瓜既像西瓜又像黄瓜）。虽然它们并没有被广泛种植，却越来越受欢迎，因为它们看起来既可爱又耐旱、易种植，而且基本没有虫害。

如何种植

拇指西瓜易受霜冻,所以它们会在冬季死亡。因此,这种生长迅速的植物,如果是当年种的,最好选在一年中较温暖的月份把它们种在室外;如果是作为多年生的盆栽,就要全年种在温暖的温室中。

种植这种瓜很容易。最好于三四月份在室内播种、育苗,以便在最后一次春霜过后可以将其移栽到室外。种子应该单粒播种,在每个直径10厘米的花盆里填上优质、排水通畅的花土,然后只播种一粒种子。拇指西瓜发芽需要3~4个星期,开始的时候可能会很慢,但一旦根系长全就会迅速生长。充足的日照对于生长很重要。

一旦室外天气变暖,就可以把它们移栽出来。首先挖几个和你的育苗盆大小相同的土坑,并保持间距约30厘米,将幼苗连同育苗盆的土块一起移栽到这些土坑中,然后小心压实周围的土壤,并立即给它们浇水,帮助它们适应新环境。还要在生长季节定期施肥,帮助它们结出丰硕的果实。由于它们是攀爬植物,所以在植株上方搭一个棚架或一组藤条是很必要的,可以防止其果实拖到地上。

每周浇水一次,在非常炎热和干燥的天气下,浇水次数可稍多一些。经过2~3个月的生长,拇指西瓜开始开花。授粉后大约再经过2周的时间,瓜就会成熟,可以进行采收。成熟的拇指西瓜大约有葡萄粒那么大,3~4厘米长。如果继续把瓜留在植株上,那么它外皮的酸橙味道会更加浓郁。通常可以从7月下旬开始采摘,并一直持续采摘到10月份,收获持续的时间长短取决于生长季节

的温暖程度。

生长季节结束时,可以将盆栽拇指西瓜移到室内越冬。它那萝卜状的块茎,只要不结冰,就能在寒冷中存活。为了防止烂根,直到次年春天万物复苏、拇指西瓜长出芽蔓之前,注意不要给它浇水。次年春天,在室外栽种拇指西瓜可以用种子重新育苗、移栽;也可以把越冬的块茎挖出来,放在一盆土里,置于阴凉干燥的地方,用于栽种。

拇指西瓜可以鲜食,用于制作沙拉,或者腌着吃,甚至可以像黄瓜一样用来制作夏季蔬果饮料。

不寻常的水果和蔬菜

超有型的西瓜

园艺师已经熟练地掌握了在种植西瓜中使用模具的技术，可以将西瓜塑造成特殊的形状。最著名的异形西瓜是立方体的，称为方形西瓜。

方形西瓜的优点是它们在冰箱中占用的空间较小，而且不会滚动。然而，考虑到它们的价格，它们俨然是一种"奢侈品"，通常是消费者出于好奇心才购买品尝。事实上，有一些方形西瓜甚至不能食用，因为它们在收获时并没有完全成熟。归根结底，这些异形水果是中看不中吃的，但它的确可以让消费者大吃一惊。

令人惊奇的苹果

使用模具可以让水果长成不寻常的形状，你只需要用一个比西瓜小得多的模具，就能塑成理想的异形效果。苹果树很容易种植，作为庭院植物，也很容易结果。问问你的父母或老师，你是否可以在家的院子里或学校种一棵苹果树，用来创造出属于自己的超有型水果？

不寻常的水果和蔬菜

黄色西瓜

商业化种植的西瓜有超过1200个品种，有的西瓜的皮是黑色的，而有的西瓜的瓤是黄色的。这种黄色西瓜属于自然变异，以其类似蜂蜜的甜美味道而闻名。除了颜色和味道之外，黄色西瓜与普通西瓜是一样的。

推荐品种

任何经典的西瓜品种都是适合种植的，但你应该选择和你所购买或制作的模具大小匹配的品种。

如何种植

西瓜并不难种植，但确实需要较长的生长期和温暖的气候条件。最好是冬末时在室内育苗，这样秧苗就能在播种前有一个良好的开端。在直径约为10厘米的花盆中，每个盆中播1～3颗种子，种子上覆盖约3厘米厚的肥沃花土。然后浇足水，并将其放在光线充足的室内环境中，温室或明亮的阳台是最理想的地方。它们通常在2～3周内发芽，并迅速生长。这时候，需要你进行间苗，拔除每盆中最弱的西瓜苗。一旦冬季的最后一次霜冻过去，就可以把西瓜秧苗移栽到花园中合适的地方进行定植。西瓜是大型藤蔓植物，因此每株西瓜需要预留大约1平方米的生长空间。

西瓜对肥料的需求量很大，所以栽种西瓜的土需要施用复合肥和有机肥。只有肥料充足，才能确保它们生长迅速并结出大西瓜。经过1～2个月的苗壮成长，西瓜藤蔓上将开出西瓜花。

每棵西瓜植株上可以结2~4个大西瓜,这些西瓜大约需要45~60天才能成熟。

要种植一个方形的西瓜,你需要把发育中的西瓜放置在一个透明的模具中。随着西瓜变大,它将逐渐呈现出模具的形状。你可以选择在网上购买模具,也可以自己亲手制作。模具应该比你种植的这个品种的西瓜平均成熟尺寸略小一点,而且必须坚固,一般是用钢化玻璃或厚硬的塑料制成。透明的模具可确保西瓜能接受充足的阳光,并形成良好的色泽。否则,长出的西瓜将是一种病态的淡黄色。如果一切顺利的话,在你把发育中的西瓜放在特殊的模具中大约一个半月后,你就可以收获到超有型的西瓜了。

不寻常的水果和蔬菜

火龙果

火龙果是仙人掌科、量天尺属的一种大型的、引人注目的、口味清新的水果。它们在世界各地的热带地区都有种植，特别是在东南亚、加勒比海地区和澳大利亚北部。常见的火龙果有两种：一种是白瓤的火龙果，另一种是红瓤的哥斯达黎加火龙果。

这些非凡的果实产自引人注目的肉质茎上，火龙果的植株长得相当大。它们从美洲中部的沙漠和亚热带地区进化而来，这些地方冬季夜间的温度会非常低。因此，它们可以在-40℃的环境中生存。

刺梨

火龙果并不是仙人掌科植物结出的唯一可食用果实。事实上，该科许多其他物种也会结出可食用的果实，这其中分布最广的要数刺梨，俗称仙人果。这种植物在桨状茎片的末端，结出粉红色或橙色的梨形或蛋形果实。刺梨仙人掌作为一种作物已经被种植了几千年，在墨西哥的一些地方，对于当地人来说，它竟然像玉米一样重要。刺梨不仅可以食用，还可以用来制作美味的水果饮料。

推荐品种

火龙果最常见的两个品种，其主要区别在于果肉的颜色有所不同。二者味道相似，但红瓤火龙果中含有梨果仙人掌黄质，这是一种具有抗氧化作用的深红紫色的色素。如果短时间内吃了很多这种水果，会使你的大小便在一段时间内颜色变深，这会令人震惊，但你不用担心自己得了什么怪病，只是这种水果吃多了而已。这两种火龙果植物，都只在夜间开出巨大而美丽的花朵。在野外环境中，这些火龙果花是由夜间的蝙蝠和飞蛾完成授粉的。

如何种植

尽管火龙果植物的外表具有奇特的异域风情，但实际上它很容易种植。只要你别让环境温度低于0℃，将温度控制在10℃以上就可以。

火龙果在干燥的亚热带气候条件下生长得最好，但也可以在温带地区种植。可以把火龙果种子播种在排水良好的仙人掌专用的盆栽土中，在温暖的条件下，一般1～4周就能发芽，但偶尔会需要更长时间。用种子栽种虽然做起来很容易，但采用这种栽种方法，它需要2年左右的时间才能首次开花。所以，如果你认识种植火龙果的人，那么用茎来扦插种植会更快开花结果。

在夏季，可以每周给火龙果植株浇一次水，但要在土壤几乎干透后再浇水。只要温度不低于18℃，就可以一直采用这种浇水方法。在较冷的情况下，应该减少浇水次数或完全不浇水。成熟的火龙果植株将会在6～10月间开花结果。尽量把火龙果植株放在阳光充足和温暖的地方，当春季和夏季生长旺盛时，你需要定期给它追施有机颗粒肥料。一棵成熟的火龙果植株，至少需要一个深约30厘米、直径50厘米的大花盆。因为它们的根系很浅，所以花盆的口径比深度更重要。

火龙果植株可以长得非常大，所以及时修剪它们是非常重要的。你可以将一两根主茎绑在厚厚的木桩或其他支撑物上，并修剪掉其他侧枝。这些侧枝可以用于扦插，培育出更多的植株。一旦主茎达到你想保留的高度（通常齐胸高度是理想的），就剪掉它们的生长茎尖。这看起来可能很极端，但这将促使植株在顶部形成侧枝。然后可以让这些枝条向外伸展，伸展到一定程度再让其向下悬挂，这样就基本完成了年度修剪的任务。但由于火龙果的花只开在新芽上，所以你还需要每年都重复这一修剪工作。在花期结束时，需要去除一些较长的嫩枝，为下一年度的新枝生长预留空间。

火龙果的花，每朵的开放时间只能持续一个晚上，因此，除非在你家附近有大量的飞蛾飞来飞去，否则你要在天黑后用软毛刷在花与花之间传递花粉，帮它们授粉。授粉后，果实大约需要1个月的时间才能成熟，具体多久则取决于温度和阳光。你可以留意果实上的凸起，当果实成熟时，这些凸起将会变黄并逐渐枯萎，你用手指轻轻捏一下果实，会感觉火龙果有点软，这时它就成熟了。赶快摘一个，享受一下自己的劳动果实吧！要注意，火龙果的皮不能吃，但果肉和种子都可以吃。

如果你想通过扦插来培育新的植株，只需剪下一段30～60厘米长的茎，首先让它干燥一周，目的是使其切口的伤愈合，这样做可以防止发生腐烂。然后，只需将切口端插入一盆土中，并保持土壤湿润，把花盆放在明亮光线处，但不要直接放在太阳底下晒，直到发现扦插茎有明显的生长迹象，就说明扦插成功了。

不寻常的水果和蔬菜

敏感植物

你知道有些植物的叶子你一碰它就动,还有一些植物的叶子则会自己不停地动吗?有些植物的荚果会爆炸,把种子炸到很远的地方,还有一些植物的荚果会喷出液体,让荚果像火箭一样飞起来。

许多植物的叶子会迎着太阳的方向缓慢转动,或者在夜间缓慢闭合,或者在干旱时逐渐蜷缩在一起。但敏感植物之所以被称为敏感植物,是因为它们的叶子或荚果在被触碰时能做出非常迅速的反应。

敏感植物来自哪里

敏感植物在世界大部分地区都有，但最著名的是来自亚洲的亚热带和热带的敏感植物。

敏感植物为什么会动

植物拥有敏感叶子的原因有很多。在少数情况下，它是为了捕捉和吃掉昆虫。著名的捕蝇草的叶子就很敏感，当微小的触毛被触及时，叶子就会"啪"地合上。茅膏菜、捕虫堇和狸藻类植物也都有致命的捕虫陷阱，当它们捕获猎物时，会移动、弯曲或卷曲，以便更好地消化和杀死猎物。

不过，其他敏感植物并不吃动物。相反，它们的叶子折叠起来，是作为防御食叶昆虫的一种手段，又或者是朝着阳光弯曲、移动，以便最大限度地进行光合作用。

另外，植物界中最常见的能快速运动的是结有爆炸性荚果的植物，其拥有这种技能的目的是把种子弹射到较远的地方，利于传播。

荚果爆炸

数百种植物都结有会爆炸的荚果来散播它们的种子，其中最令人瞩目的两类物种如下。

酢浆草属

酢浆草属已知包含约550种植物。它们中的许多植物叶子长得像三叶草，并开出非常漂亮的花。当然，重点是它们中的许多物种的荚果一旦成熟就会爆炸。

直酢浆草就是拥有爆炸荚果的典型植物。经销商出售的许多作为观赏植物的酢浆草属植物也都结有类似的荚果，例如，四叶酢浆草和三角叶酢浆草等。

酢浆草的种子成熟时，荚果将变得非常敏感，其侧面一旦被碰触到，就会迅速炸开，并向四面八方抛射种子，最远能达3米远。凤仙花属是与酢浆草没有亲缘关系的另一类植物，许多观赏性的凤仙花属植物的荚果也能把种子抛射到3米左右的距离。如果条件允许，你可以尝试去触碰一下它们的荚果。

酢浆草属的种植

酢浆草属是一个很大的类群，其中既有容易种植的品种，也有种起来有难度的品种。幸运的是，你能遇到的大多数酢浆草都能较容易地在中小型花盆中的花土里生长。

这些坚韧的植物，在任何时候都需要潮湿的土壤，还需要有充足的阳光，可以选择观赏性酢浆草，特别是杂交酢浆草，因为它们皮实且生长旺盛，所以它们通常是尝试种植酢浆草的不二之选。如果你希望种植一些具有挑战性的品种，可以选择一些来自沙漠地区的，像仙人掌和多肉植物一样茎部肥大的异类酢浆草，如艳酢浆草等，这些品种的酢浆草需要特殊照顾，但在温室等环境可控的地方很容易种植。

码上探索
- 植物纪录片
- 繁花故事集
- 绿植资讯集
- 探索笔记

喷瓜

喷瓜是葫芦科植物，原产于欧洲、非洲北部和亚洲的温带地区。它的茎蔓长达1.5米，长有三角形的叶子和钟形的小花。

该植物的名字很特别，因为它在授粉后，会逐渐长出4～5厘米长的椭圆形的蓝绿色荚果。当荚果成熟时，里面充满了高压的果冻状的液体。与酢浆草相似，当荚果成熟时，它们对触碰变得非常敏感。

最轻微的触碰，也会导致荚果从茎上脱落，荚果所含的高压液体会从一个孔中喷射出来，就像火箭底部喷出的火焰。当荚果爆炸前进时，种子就被喷射抛撒出来，种子和荚果会被喷射7米开外的地方，在散播种子方面非常高效。

需要注意的是：喷瓜是有毒的，绝对不能吃！

种子传播

植物的种子传播得越广，就越有可能继续在现有分布地繁衍，并不断扩大分布地范围。结有爆炸荚果的敏感植物，能确保其种子非常有效地传播出去。

敏感的含羞草

含羞草也被称为感应草、害羞草等,是所有植物中最著名的敏感植物。

含羞草是一种匍匐生长的蔓生植物,形成一个长达1.5米的木质茎尖,它的茎和侧枝上长有小刺。

含羞草如何运动

含羞草的叶子都长在短的叶柄上,当被触摸时,小叶子通常在一秒钟之内迅速折叠在一起。如果此时再碰一下它,它的叶柄也会在一秒钟之内迅速往下垂。

植物的叶子做出这种反应是为了阻止食叶昆虫吃叶子,因为一旦它们爬到叶子上,叶子就会折叠起来,让食叶昆虫无从下口。

含羞草与任何东西接触都会导致叶片闭合,下暴雨时含羞草的所有叶片通常都会闭合。叶片受到刺激闭合后,几分钟或几小时后会重新展开。一般来说,阳光越多,植物越健康,叶片的反应时间就越快。即使没有任何接触,每天晚上天黑时,所有的叶子也都会闭合,并在次日的晨光中重新展开。

花

含羞草除了长有敏感的叶片之外,还开有美丽的粉红色绒球一样的花。

原产地

含羞草原产于美洲中部、南美洲的亚热带和热带地区,但现在已经广泛传播到整个热带地区,并在亚洲大部分地区、非洲和澳大利亚北部地区都有分布。

含羞草属的其他敏感物种

含羞草属中至少还有其他 8 种敏感的物种,这其中就包括大型的巴西含羞草和含羞树,这两种含羞草看起来不像草而像小树。

感应草

感应草，俗称罗伞草、一把伞等。它的叶子在茎的顶部排列成莲座状，它的茎高约20厘米。乍一看，它还有点像一棵小棕榈树，所以，有时在盆栽或微型花园造景中被用作树木的替身。

它是如何运动的

当碰触感应草的小叶子时，它们会向下折叠，不过比含羞草的小叶子的动作要慢一些。感应草的叶子，可能需要3秒钟的时间才能完全折叠。通常在几小时内，感应草才再次展开小叶子。这种植物，植株越健康，动作反应就越快。

与含羞草相似，感应草的这种运动反应也是其防御食叶昆虫的一种手段。

原产地

感应草原产于尼泊尔、印度等东南亚国家的热带地区。

它通常生长在潮湿的背阴处。

花

感应草会开出粉红色或黄色的喇叭状的花。授粉后，结出的荚果会采用一种非常特别的方法来散播种子（见右图）。

蹦床式散播种子

感应草的荚果能迅速裂开，并在裂开的同时将种子迸射出去。成熟时，感应草的荚果会形成一个面向天空的星形"蹦床"，当落下的雨滴溅在"蹦床"上时，荚果会迅速裂开，并将里面的小种子弹到附近的土壤中。

跳舞草

你听说过一种会跳舞的植物吗？好吧，信不信由你，有一种神奇的热带灌木就可以。它长有可以旋转的小叶子，这些小叶子就像舞台上轻舒玉臂的少女一样不停地旋转舞动，更令人惊奇的是，当叶子接触到阳光、热量、振动甚至摇滚乐等响亮的声音时，这种植物就会受到刺激并加快舞动。

跳舞草也称舞草，是豆科中的一员。这种植物直立生长的细茎高度可达 1.5 米。

旋转的叶片

跳舞草怎么跳舞

跳舞草沿着细茎长出许多三出复叶，顶生叶子较大，长在每个叶柄的顶端，顶生叶子后面的叶柄上侧生出一对小而窄的小叶子，真正会舞动的正是这对小叶子。

在白天，小叶子都会缓慢地旋转，跳一圈大约需要 3 分钟。如果你耐心地观察，你会发现这种缓慢、持续的运动，给人一种植物在跳舞的感觉。

当温度较高或暴露在阳光下时，小叶子的运动速度会加快。到了晚上，"舞会"就结束了，跳了一整天，小叶子全都无力地耷拉下来，植物就像进入梦乡一样终于安静了下来。

（注：三出复叶是指有 3 片叶子着生在叶柄的顶端。）

原产地

跳舞草原产于亚洲，喜欢生长在阳光充足、温暖的低海拔地区。

花

跳舞草会开出紫色的小花，长有 2 个大花瓣，花瓣的正中长有白色条纹。

有种观点认为，小叶子的运动是叶子获取更多阳光的一种方式。运动的小叶子，感知并跟踪最亮的阳光来源，带动叶柄上的大叶子缓慢移动，以便更好地进行光合作用。由于太阳的角度在一天中不断变化，所以小叶子的持续感应运动，既能使植物准确地定位阳光，又能避免大叶子过多运动而浪费能量。

另一种观点是，小叶子的运动是为了躲避潜在的食叶昆虫。

跳舞草最喜欢的音乐

许多植物学家的文献都表明：当听到响亮声音时，跳舞草的动作会加快。然而，大多数植物学家仍然无法确定跳舞草最喜欢的音乐到底是什么。有的人说是重金属，有的人说是朋克摇滚……赶紧行动，亲自种一棵跳舞草吧！找出你认为最能让这种植物舞动起来的曲子。

如何种植

种植敏感植物将是非常有趣的一件事,许多品种因物以稀为贵而受到欢迎。最容易种植的敏感植物,也是动作反应最迅速的植物,当然非含羞草莫属啦。

如何种植含羞草

含羞草发芽和生长迅速,最好从种子种起,把它作为1年生植物养在室内。

在播种前,将种子在温暖的自来水中浸泡24~48个小时,这样做将促使它们更快地发芽。

在春天或初夏播种,将3颗种子播种到一个直径7厘米左右的小花盆中,里面装满潮湿且不积水的花土。虽然含羞草并不那么挑剔,但花土你可以按照2份黄土、2份泥炭藓、1份沙子或珍珠岩的比例进行混合调配,这种混合花土非常适合含羞草生长。

播下种子后,再撒上一层薄薄的、最好是5毫米厚的覆盖土,盖住种子,并轻轻压实。因其发芽率低,许多种子不能发芽,所以最好多种几盆。

将花盆放在温室或玻璃罩中,或者用玻璃、保鲜膜等盖在花盆上,放在温暖、阳光充足的地方。同时还要确保土壤湿而不涝,这样的话,种子大约应该在7~14天内发芽。

随着幼苗的生长,要确保土壤的湿润。如果同一盆中有多株幼苗发芽,在不干扰健康幼苗的情况下,轻轻地移除最小和最弱的幼苗,最终让你的每个花盆中只留一株幼苗。

随着植株的生长,将花盆放在温暖、阳光充足的地方,如阳台或温室。含羞草喜欢在阳光充足的地方生长,但也能在半阴处健康生长。幼苗和成熟的植株需要18~21℃的温度。为了促进其生长,可以按照花肥推荐用量的一半稀释后,每周一次均衡地施入花盆中。

需要记住的是,如果阳光不足或温度太低,含羞草是不会闭合叶子的,所以如果你的含羞草动作有点迟钝,请把它放在更明亮、更温暖的地方。

含羞草不太容易发生病虫害,但它可能会被红蜘蛛、粉虱或蓟马侵袭。可以通过直接向植株喷水的方法,帮助含羞草清除害虫。

种植其他敏感植物

感应草和跳舞草都可以按照与含羞草相同的方法来种植。

只是感应草需要比含羞草略微温暖和潮湿一些的环境,因此,最好种植在玻璃容器中,或种植在阳台上的玻璃缸中。

不可思议的植物

在地球上最炎热和最干燥的角落以及地球上最潮湿和最寒冷的地区，都有植物生长在那里。在海拔5500米高的地方，很少有动物可以生存，我们却可以发现存活的植物。在这样极端的生境中，少数植物甚至能用自己的叶子做成温室，使自己免受恶劣环境的影响。

地球上体积最大的生物是植物，寿命最长、可以存活数千年的生物还是植物。植物的形状、形态和生存策略的多样性几乎是无穷无尽的。在本章中，我们将揭开一些最壮观植物的面纱。

一些植物喜欢炎热

码上探索
- 植物纪录片
- 繁花故事集
- 绿植资讯集
- 探索笔记

另一些植物则喜欢寒冷

彩虹叶植物

大多数植物的叶子是绿色的，因为它们含有叶绿素，这是一种用于光合作用的化学物质。原产于南美洲、非洲和亚洲热带地区的几十种植物，它们的叶子能像孔雀羽毛一样闪烁着电光蓝。这种色彩斑斓的彩虹色光泽不是一种色素，而是光通过反射产生的特殊光学效应，和DVD光盘表面上闪烁的彩虹色是一个道理。

三种最壮观的彩虹叶植物是：原产于东南亚的藤卷柏、原产于委内瑞拉和哥伦比亚的蓝宝石舌蕨，以及原产于委内瑞拉的一个鲜为人知的物种，名为希契科克星蔺花。这三种植物的叶子，正面都闪耀着只有从某些角度才能看到的明亮的彩虹色。在委内瑞拉南部的内布利纳山上，成千上万的希契科克星蔺花生长在一起，叶子在微风中轻轻摇曳，闪烁着彩虹般的光芒。

植物学家们仍然不能确切地解释清楚这些植物为何会长出泛着彩虹色的叶子。不能简单地被解释成为了吸引授粉者而进化出的一种技能，因为泛着彩虹色的蕨类植物是不开花的，而泛着彩虹色的星蔺花常年开花，但它的叶子全年都会泛着彩虹色。

彩虹般的光芒可能是植物通过反射更多的紫外线和蓝光来保护其叶子形成的，这在高海拔地区很常见，这里生长着许多彩虹叶植物。

众所周知，过强的紫外线对大多数植物的叶绿体都有破坏作用，而生长在山顶上的希契科克星蔺花却能暴露在非常强烈的阳光下生存。也许通过反射阳光中的蓝光，彩虹叶植物进化出了一种天然的防晒霜？然而，这样的想法并不能解释为什么卷柏属和舌蕨属中的彩虹叶植物都生长在浓密的树荫下，但它们泛着蓝色的光泽。

遗憾的是，如果进行人工种植，即使是模拟其原产地的野生环境，许多彩虹叶植物的叶片光泽度也会大大降低或消失。

如何种植

一些彩虹色植物物种，如藤卷柏和另一种亚洲蕨类植物蓝叶星蕨都很容易种植，并且，它们在人工种植过程中仍然能够长出美丽的泛着彩虹色的叶子。这两种都属于蕨类植物，都需要温暖、潮湿的环境和斑驳的光线（类似太阳透过雨林投射到地面上的光线）。它们可以生长在温室的阴凉处，也可以生长在阳台上的玻璃缸里。但要注意的是，如果将其放在阳光下直射或放在浓荫下生长，它们都将无法形成彩虹色光泽。

黑武士秋海棠

秋海棠属是生长在热带雨林的一个植物类群，目前已知约有1800种植物，还有许多新品种仍在不断地被人们发现和命名。2014年，植物学家在加里曼丹岛的沙捞越发现了一种秋海棠新品种。它的叶子太过浓绿，以至于看起来几乎是黑色的，因此，它的学名被称为贝戈尼亚·达斯瓦德里安娜，而"达斯瓦德里安娜"就来源于电影《星球大战》中身着黑色斗篷和黑色盔甲的反派——达斯·维德，所以这种植物被人称为黑武士秋海棠。

这株黑武士秋海棠生长在遍覆林木的悬崖下的深阴处，非常深的颜色能使它的叶子尽可能多地吸收透过雨林密集植被层的少量阳光。

命名黑武士秋海棠的植物学家还发现了一种更大的秋海棠属植物，它的叶子是银绿色的，这个植物学家将其命名为女王秋海棠，取自电影《星球大战》中的另一位角色——帕德梅·阿米达拉，命名这两种秋海棠的植物学家一定是个星战迷。如果你能发现一个新的物种，你也可以用你喜欢的任何事物或者任何人的名字来给它命名。

> 黑武士秋海棠虽然不容易种植，但还算是比较容易能买到。它需要黑暗的、高湿度的、温暖的生长环境，你可以把它种在玻璃容器里，然后把容器放在温室的阴暗角落里或者你们家的浴室里，通常还可以在容器里放上潮湿的火山石，用来保持生长所需的高湿度。

令人惊叹的气生植物

在美洲发现了约650种凤梨科、铁兰属的植物，它们被称为气生植物。许多气生植物在美洲中部、南美洲的部分地区极为常见，大多数以附生植物的形式生长，也就是生长在其他植物上，附着点缀在其宿主的枝头。

气生植物的得名是因为它们通常不需要土壤就能生存。气生植物有许多奇怪的形状，通常是以短而尖的叶子拥簇成一个球状的形态呈现在人们面前。大多数气生植物在开花时都会变色，变成明亮的红色或粉红色，以吸引飞蛾、蜂鸟甚至蝙蝠充当它们的授粉者。

一种不需要栽种就能成活的植物

气生植物可以通过它们的叶子来获得几乎所有生长需要的营养和水分。它们的叶子上覆盖着细小的白色发丝状组织，这能增加它们的表面积，从而从空气、雨水、露水和落在植物上的任何灰尘或枯叶中汲取营养和水分。因此，气生植物的根只是起到将它们固定在宿主的树枝或树干上的作用而已。

如何种植

种植气生植物很容易,也很有趣。由于不需要土壤,它们几乎可以在任何地方生长,在浴室窗台、温室阴凉处种植效果尤其好,但它们也需要一些简单的养护。

大多数气生植物喜欢明亮、斑驳的光线,而不是持续的直射阳光或大面积的阴凉,应避免把它们养在光线昏暗的地方。

再就是,它们需要一定的湿度,所以必须经常浇水,但也必须让它们保持处于不干不涝的湿润状态,否则就会导致它们腐烂和死亡。通常最简单的方法是用喷雾器对它们进行定期喷洒。许多种植者通过实践总结出的浇水经验是,夏季每周喷雾1~2次,天气较凉时每月喷雾1次,这种浇水方式效果最好。

大多数气生植物适宜的生长温度是10~32℃,尽可能地把它们放在空气流通的地方。

气生植物可以很好地在兰科植物的树皮上安营扎寨、固定生长,但也经常被商家固定在贝壳和装饰性陶瓷片上进行出售。固定一棵气生植物很容易,最简单的方法是使用热熔枪,热熔胶不会伤害到气生植物。千万不要使用502等胶水,这些万能胶可能对气生植物有毒。

为了促使气生植物开花,在夏天的生长季,每月两次施用凤梨花肥推荐用量的一半即可。气生植物的花可以持续绽放数天至数月,这因品种的不同而不同。每种气生植物在开花后都会死亡,但通常会在开花之前从基部冒出来几个新的分枝(称为幼苗),这些分枝会成长为新的植株。如果把这些分枝都保留下来,那么最终它会由一棵气生植物长成一丛气生植物。如果你不想要一丛气生植物或者繁殖一批气生植物,那么请及时将幼苗分开,把它们单独进行安放即可。

美丽的凤梨科植物

凤梨科植物中除了气生植物外,还有许多其他生长在树枝上的有趣植物类群。许多凤梨科植物还被称为彩虹植物,因为它们那犹如彩虹般绚烂的叶子是所有植物中色彩最丰富的,尤其是开花时。

世界上已知约有3500种凤梨科植物,除了其中一种生长在西非的热带地区外,它们大多都生长在亚洲、美洲的热带和亚热带地区。

凤梨科植物的叶子通常呈莲座状生长,在这些植物中,许多莲座的中心能形成一个小水池。开花时,凤梨科植物的叶子可能会变成鲜艳的红色、紫色、黄色、金色、白色,甚至蓝色。

凤梨科植物大小不一,大多数的直径为20～45厘米,最小的只有几厘米高,而最大的是巨大的普亚凤梨。菠萝就属于凤梨科的植物,也是该科中唯一可以食用的植物。

自带"水池"的植物

许多凤梨科植物的叶片在植株中央自然凹陷,形成一个碗状空间,能聚积、存储雨水,俨然是一个天然的小水池,这类凤梨科植物也被称为积水凤梨。这个水池在为其自身生长提供水分的同时,还为许多动物,尤其是蛙类提供了栖息繁衍的场所,许多蛙类就生活在这些积水凤梨的"水池"中,并在里面产卵、养育后代。

如何种植

大多数凤梨科植物是热带植物,喜欢高湿度和温暖的环境,所以浴室的窗台是许多凤梨科植物的绝佳生长空间。也可以把它们种在温室里,通常是种在温室的吊篮中。虽然有些凤梨科植物能在浓荫下生长,但大多数凤梨科植物喜欢在一天中至少有几个小时的斑驳光线的地方生长。但是,如果被放在一整天都有阳光直射的阳台上,那么多数凤梨科植物会被晒焦。

许多凤梨科植物的根系很小,所以可以把它们种在小盆里,不需要随着植物的生长更换更大的花盆。许多凤梨科植物不需要浇太多的水,特别是那些莲座状叶丛中的凤梨科植物,不要把它们放在水盘里,否则它们会烂根。为了达到最佳生长效果,你可以选择带排水孔的花盆或吊篮,以及排水通畅的松散花土。把肥沃的土壤、珍珠岩、蛭石和树皮混合在一起,就能配制出效果很好的花土。当花土触感干燥时,再给它们浇水,并把叶丛中心的"水池"里也注满水。

通常来说,你不需要给凤梨科植物施肥,但为了促使其开花,你可以使用凤梨科植物专用肥料。与气生植物类似,大多数凤梨科植物在开花后会死亡,不过很快就会长出几个分枝,可以把它们分开种植,也可以任由其自然繁殖形成一大丛色彩斑斓的植株。

壮观的多肉植物

多肉植物是一类在干燥地区生长的植物,它们长着用来储存水分的厚厚的肉质叶子和茎。有数百种没有亲缘关系的植物类群被植物学家们归为多肉植物,在家里种一些多肉植物,能让你赏心悦目、心旷神怡,非常有趣。

有各种各样的多肉植物,下面列出一些最有趣的品种。

生石花属植物,俗称卵石植物,原产于南非和纳米比亚。它们主要生长在地下,地面上只露出两片厚厚的叶子,叶子的颜色看起来就像鹅卵石一样,真是植物中的伪装大师啊。在戈壁沙漠中,它们的叶子伪装成鹅卵石,既可以避免被食草动物吃掉,又可以让叶片下面的沙土在沙漠极端高温下保持相对凉爽,避免叶片被烤焦。

窗玉属植物原产于纳米比亚,主要生长在地下,被沙子掩埋,但这种植物长出很多厚厚的直立的叶子,每片叶子的顶端透明,像装上了一个窗户似的。在野外,阳光非常强烈。这个透明的"窗户",既可以让阳光穿过,照射到厚厚的叶子上,又可以起到像卵石植物那样的作用,保护植株地下组织免受烈日炙烤。

天女玉属植物,俗称活宝石,原产于非洲南部,生长在地面上,长有像石灰石一样坚韧的叶子。之所以俗称活宝石,是因为它们会开出美丽的黄白色花朵。

还有青锁龙属、石莲花属和长生草属等植物都是广泛种植的多肉植物,厚实的肉质叶片形成紧凑、低矮的彩色莲座状,上面点缀着白色或珍珠色的带状和斑点。

十二卷属是由大约150种植物组成的类群,它们长有莲座状叶丛。有几个品种的叶子顶端呈透明状,即使被沙子盖住,也能像窗玉属植物那样发挥作用。

芦荟属、大戟属和伽蓝菜属的植物,是较受欢迎的直立生长的多肉植物,其中很多都能长出不寻常形态和颜色的漂亮叶子。

如何种植

许多多肉植物都非常容易种植,但大多数品种不能忍受0℃以下的温度,因此最好将它们养在阳台、温室或暖房中。选择一个没有强烈阳光直射的地方。因为如果多肉植物接受了太多的阳光,它的叶子可能变成白色或淡黄色。

多肉植物适宜生长的环境温度:夏季应保持在21～32℃,冬季应保持在10～20℃。

选择有排水孔的浅盆或容器,使用从花店购买的仙人掌科植物专用混合土,也可以将有机肥、珍珠岩或沙砾、沙子等份均匀地混合在一起,自己配制花土。你使用的花土中必须有沙砾,而且排水通畅。

当表层花土干涸时,再给多肉植物浇水。千万不要把它放在有积水的盘子里,因为那样将导致其根部腐烂。导致多肉植物死亡的主要原因就是浇水过多。一定要记住,多肉植物对干旱的耐受力极强,可以在没有雨水的情况下生存数月。所以,千万不要让水积聚在多肉植物的莲座里,这样会导致它们腐烂和死亡。

如果将多肉植物放在潮湿或光线昏暗的地方,它们也会腐烂,特别是在浇水过多的情况下更易腐烂。施肥方面,只需在春季和晚秋各施一次额定用量的花肥即可,冬天不要给它们施肥。

许多多肉植物都会自然繁殖后代,可以轻轻地把繁殖出来的子株从母株上分离出来,栽到新盆中,按照成株进行照料即可。

有些多肉植物长有厚厚的、容易分离的肉质叶子,可以非常简单地用叶片来进行扦插。轻轻地把叶片掰下来,放在阴凉、干燥的地方3天,让创口表面愈合。然后将叶片放在一盆多肉植物花土的表面(注意不是栽种到土里,如果把它埋进土里很容易导致其腐烂)。3个月内,它将生根。在第一年的夏季,每周给它浇水一次,之后按多肉植物成体处理就可以了。

酷炫的仙人掌科植物

与大多数植物不同,仙人掌科植物非常适宜在沙漠环境中生存,所以它们主要以茎的形式生长,而没有用来进行光合作用的典型叶片。许多仙人掌科植物的茎上还长满了褶皱,当降雨时,它们可以迅速膨胀,吸收更多的水分。

已知有超过1750种仙人掌科植物,它们全部原产于美洲。有些是巨大的,如巨人柱,高达12米,可以存活150年,重2200千克。而有些仙人掌科植物,只能长到几厘米高。

仙人掌科植物的茎,有的呈圆柱形,有的呈球形,还有的是扁平状的。少数仙人掌科植物结出的果实可以食用,如刺梨和火龙果。

危险的刺

在仙人掌科植物的原产地——干旱地区，水是非常宝贵的，如果毫无防范的话，许多动物都会吃仙人掌科植物来获取水分。所以，大多数仙人掌科植物都通过长刺来保护自己。这些刺，实际上是由叶子高度进化来的。一些仙人掌科植物长有微小、易断的刺，还有些仙人掌科植物长有坚硬且长的刺，最长可达20厘米，少数仙人掌科植物，只有在幼苗期才会长刺。

仙人掌科植物的花

仙人掌科植物通常生长在干旱地区，那里的授粉者相对较少，因此许多仙人掌科植物通过开出大而鲜艳的花朵来吸引为数不多的授粉者。仙人掌科植物开花时，会给沙漠增添些许彩虹般的色彩，这在沙漠里是可遇不可求的美丽景观。

不寻常的仙人掌科植物

几十年来，园艺师们尝试着将发生变异的、叶绿素缺乏的仙人掌科植物，例如红瑞云等，嫁接到另外的仙人掌科植物上，让嫁接后的植株能呈现出鲜红色、橙色、黄色等不同色彩。由此产生的嫁接组合，被称为月亮仙人掌科植物，它们可以按照种植普通的仙人掌科植物的方法进行种植。

壶花柱螺旋缀化变种，俗称麒麟角、绿竹等，其茎异常扭曲生长，被培育成螺旋状或者竹节状，沿着螺纹长出一圈圈的小刺，看起来很奇怪，有点像麒麟的角。天轮柱螺旋缀化变种，同样也是一种扭曲的、螺旋状的仙人掌科植物（如右图）。

如何种植

许多仙人掌科植物都非常容易种植,可以用栽培多肉植物的方法进行栽培。有些品种在窗台、温室或暖房中生长时,会经常开花;还有些品种养在室内时,则永远不会开花。

和多肉植物一样,给仙人掌科植物浇水过多比浇水过少更可能导致它们死亡。因此,养这类植物不能太勤快,不要没事时就去浇浇水。

给仙人掌科植物换盆或移栽时一定要非常小心,要戴上厚厚的手套,以免自己被仙人掌科植物那尖锐的刺刺伤。许多仙人掌科植物都不需要太多照料,可以放在适宜的地方连续几周不用管,它们是非常容易被养活的。你可以把形态各异、种类繁多的仙人掌科植物和多肉植物种在一起,在较大的浅盆或容器中进行集中展示,这很吸引眼球,也是件非常有趣的事情。

不可思议的植物

铠甲植物

植物吸收二氧化碳和水,通过光合作用,产生能量。这些能量是地球上几乎所有生命的动力源泉,几乎所有的动物都无法离开植物而生存,食草动物直接吃植物,食肉动物通过吃食草动物来间接吃植物。

大多数植物处于生物链底端,所以许多植物进化出了各种各样的自卫方法,就像穿上了铠甲一样,来保护自己免受动物的侵袭。有的植物分泌出毒液,有的植物则长有凶猛的刺,甚至是带倒钩的那种,一旦被刺将特别疼痛。

带刺植物

一些植物的叶子上覆盖着细小的刺,这些细刺上含有会令人感到刺痛的化学物质,如刺荨麻等。在澳大利亚,有一类植物被称为蜇人树。其中有一种名为桑叶火麻树的植物,堪称长有世界上最蜇人的刺,它能把刺伤的人逼疯,令人痛苦的刺甚至可以杀死狗、马等动物。

蜇人树上长满了细小的刺,这些刺非常细,用镊子也无法将其拔掉。植物学家玛丽娜·赫尔利将这种刺痛形容为"同时被热酸和电击灼伤"。

西里尔·布罗姆利是蜇人树的另一位受害者,他只因被一小片蜇人树的树叶蜇伤,便痛不欲生,不得不被绑在医院的床上治疗了3个星期。

自建温室植物

有些植物长期生长在极端环境中,往往会进化出非常聪明的生存技能。在海拔 4000 多米的青藏高原上生长着两种奇特的植物,苞叶大黄和水母雪兔子,它们进化出了高度特化的苞叶结构,用叶子来给自己搭建一个温室。苞叶大黄那大而舒展的乳白色的叶子覆盖在花上,帮助它们抵御风寒、孕育生命。水母雪兔子的叶子紧密地长在一起,呈球状,并且叶片上还生有浓密的棉毛,填充在叶片之间,使植株内部近乎与外部隔绝,这对植株起到了很好的防寒保暖作用,这也让它看起来有点像水母或兔子。这两种植物可以在光秃秃的岩石生境中得以生存。

不可思议的植物

植物之最

世界上最大的花，在前面已有所阐述，但植物世界的其他纪录保持者又都是谁呢？

种子最大的植物

世界上最大的种子是由海椰子结出来的，它是生长于印度洋塞舌尔群岛上的一种棕榈树。

它的每颗种子直径可达50厘米，重可达42千克，需要7年的时间才能发育成熟。它的英文名是"Coco de Mer"，来源于法语，是"海里的椰子"的意思。提起这个名字，还有一个有趣的故事。法国探险家发现这种巨大的种子被冲到东非和印度洋岛屿的海岸上，许多人都认为这些类似椰子果的种子是由生长在海底的某种神秘植物长出来的，所以给它取名海椰子。这种观点流传了数百年，1768年，人们在塞舌尔群岛上发现了长有海椰子果实的植物，它的神秘面纱才被揭开。

叶子最大的植物

植物的叶子有很多类型,马斯克林群岛上生长的粉酒椰的叶子是所有植物中最大的。它们的叶子长达 25 米,宽达 3 米。但它们的叶子是羽状全裂形的,由大约 180 个线形羽片组成。

加里曼丹岛的粗壮海芋长有最大的单叶(如下图)。根据测量记录,它的一片叶子可以超过 3 米长、2 米宽。几种花烛属植物的巨叶,也与粗壮海芋的叶片尺寸相当,如金属花烛和壮丽花烛等。

我们通常认为植物是生长在陆地上的,但巨藻植物形成了巨大的水下森林,并会长出超过 1000 米长的叶子。因此,如果我们把水下植物也算上的话,巨藻才是真正的长有最大叶子的纪录保持者。

最高的树

北美红杉是世界上最高的树种之一,它们耸立在美国加利福尼亚州和俄勒冈州西南部的土地上。这些巨树通常可以长到 90 多米高。人们在 2006 年发现了一棵特别高的红杉,起名为亥伯龙,2009 年测得其高度达 115.85 米,是地球上已知现存最高的红杉。

最大的树

世界上体积最大的树,是生长于美国加利福尼亚州的巨杉。已知现存最大的巨杉,被命名为"谢尔曼将军树"。据估计,它的体积超过1487立方米,树龄约2000年,高达83米。

虽然谢尔曼将军树是现存最大的树,但它不是有史以来最大的树。有记录显示,1940年一棵被砍伐的北美红杉,它的体积超过1800立方米。而在1905年的一篇报纸文章中,还报道了一棵更大的北美红杉,估计体积为2500立方米。

在过去的200年间,成千上万的巨大的、古老树木被砍伐,作为木材出售。但幸运的是,如今已经停止了对红杉和巨杉的商业砍伐。

地球上最古老的植物

许多植物可以活上几千年,生长于美国加利福尼亚州的长寿松是地球上所有生物中寿命最长的。长寿松在数亿年的地球演化历史中几乎没有变化,这一点可以从它的化石中看出来,长寿松化石与现存树木几乎完全相同,所以长寿松堪称活化石。科学家们在美国加利福尼亚州的怀特山上发现了已知最古老的长寿松,据说它已经超过 5068 岁了。

你可以想象一下,当古埃及人正在建造金字塔的时候,这棵树就已经存活在地球上了。

不可思议的植物

穿越时空的植物

尽管长寿松是地球上已知最古老的生物，但还有许多植物的寿命也很长。

生长在非洲南部、马达加斯加和澳大利亚等干燥地区的猴面包树，长有大而粗的树干，因其形状像一个瓶子，所以也被称为瓶子树。它们内部的木质呈海绵状，所以当下雨时，它们会迅速吸收数吨重的水，在树干中储存几个月甚至几年。有些猴面包树长得非常宽大，南非有一棵名为"格伦科·波巴布"的猴面包树，周长达 47 米，直径超过 15 米，寿命超过 2000 年。已知最古老的猴面包树，生长于津巴布韦，死于 2011 年，估计它在地球上存活了 2450 年。

还有一种堪称"穿越时空"的植物，不可思议地生长在地球上最干燥的地方——纳米比亚和安哥拉的沙漠中，它就是百岁兰。这种植物真的很神奇，它在几百万年的历史进程中一直没有变化，所以百岁兰和长寿松一样，也被称为活化石。百岁兰是一种非常奇特的植物，尽管它看起来一点都不像松柏树，但基因测序却显示它与松科植物有亲缘关系，而且还能像松科植物那样结出球果。

百岁兰只长出两片大叶子，这两片叶子终生不停生长，叶子的基部有分生组织，不断分裂产生新细胞，叶子的顶端细胞不断枯萎、死亡，所以这两片叶子总是保持相同的长度。研究发现它的每片叶子每年增长约1厘米，许多百岁兰的叶子上都有超过2米的活叶部分（从基部的分生组织到枯萎叶子之间的距离）。因此，这就意味着这些叶子的顶端是在200多年前长出来的。但是，真正令人惊叹的是，每棵百岁兰可以存活2000多年，有些科学家认为其还能存活更久。

不可思议的植物

令人惊叹的盆栽

两千多年来，园艺家们已经将盆栽发展成为一种完美的艺术形式，模仿成体树木的形状，栽种培育出微型树木。这是通过不断地修剪盆栽植物的顶部和枝条来实现的，从而使树木永远无法长到其正常尺寸。

在很多国家，一些盆栽在几代人之间代代相传，已经由同一个家族照料了几个世纪。有些盆栽已经有700多年的历史，还有些盆栽有1000多年的历史。大型盆栽几乎每天都需要照料，想象一下，种植一盆植物并把它送给你的孩子，在1000年后，你的子子孙孙还在照料着它。

如何种植

虽然你可以用树的种子来培育你的盆栽,可能需要几年的时间,种子才能长成盆栽所需的大小。所以一般来说,最好是买一棵树胚(一棵准备被修剪、培育成盆栽的小树)来开始你的盆栽工作。

种植盆栽的秘诀在于:要把树胚种在一个浅盆里,这样做可以限制它的根系吸收过多养分;经常修剪它的根部和叶子,这样树胚就会一直发育不良;并通过使用铁丝固定和有选择地修枝,塑造出特定的形状。

盆栽的生长条件因选择的树种不同而有所差异,温度、浇水和花土都必须符合盆栽植物的自然需求。选择温带树种制作的盆栽,可以全年在室外生长;选择亚热带或热带树种制作的盆栽,则需要将其养在温室或暖房中。

根据你能提供的生长环境,选择适合的树胚,然后将你的树胚种在一个较浅的花盆中,就可以开始塑造你自己的盆栽了。

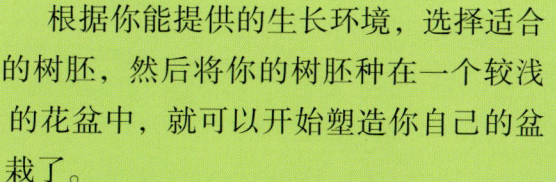

关于作者

斯图尔特·麦克弗森是英国的一位自然学家、作家和电影制作人。他从小就对野生动植物非常着迷,16岁时就开始写他的第一本书。斯图尔特后来在达勒姆大学学习地理专业。毕业后,他花了10年时间在世界各地攀登了300座山峰(其中一些是以前没有被探索过的),研究和拍摄野外的食肉植物。在此过程中,他与其他人共同发现并命名了35个多肉植物新种或变种,包括有史以来发现的最大的猪笼草,并写了25本系列书籍。

斯图尔特和摄影小组拍摄了数部纪录片,记录这些领地上的野生动物、文化历史和景观。这段旅程花了3年时间,其所拍摄的系列纪录片在国家地理、SBS和其他许多频道上播放,如专题片《英国的宝藏岛》。随后的《英国的宝藏岛》一书在各地发行,并捐赠给了5350所中学和2000家图书馆。

为了激发下一代对园艺、园林和植物学的热情,斯图尔特写了这本书。

《可爱的动物》

如果你想更多地了解大自然,我们为你准备了同一系列的另一本书。